JOHN JAMES AUDUBON
DIARIO DEL RÍO MISISIPI

JOHN JAMES AUDUBON
DIARIO DEL RÍO MISISIPI

Láminas de
John James Audubon

Traducción de
Lucía Barahona

Nørdicalibros
2021

Título original: *Mississippi River Journal*

© De la traducción: Lucía Barahona
© De esta edición: Nórdica Libros, S. L.
Avda. de la Aviación, 24, bajo P
28054 Madrid
Tlf: (+34) 917 055 057
info@nordicalibros.com
Primera edición: febrero de 2021
ISBN: 978-84-18067-24-2
Depósito Legal: M-1907-2021
IBIC: WN
Thema: WN
Impreso en España / *Printed in Spain*
Gracel Asociados
Alcobendas (Madrid)
Imágenes: National Gallery of Art

Diseño de colección y
maquetación: Diego Moreno

Corrección ortotipográfica: Victoria Parra y
Ana Patrón

ÍNDICE

DIARIO DEL RÍO MISISIPI

-13-

LÁMINAS

-entre 208 y 209-

ÍNDICE DE AVES EN LÁMINAS

-213-

Jueves, río Ohio, 12 de octubre de 1820

He salido de Cincinnati a las cuatro y media de la tarde a bordo del bote de fondo plano del señor Jacob Aumack con destino a Nueva Orleans. Los sentimientos me abrumaban al despedirme con un beso de mi amada esposa y de mis hijos ante la expectativa de una ausencia de siete meses.

Conmigo viaja Joseph Mason,[1] un joven de buena familia de unos dieciocho años cuya lozanía va acompañada de una naturaleza afable. Está destinado a ser un compañero y un amigo, y, si Dios nos concediera un regreso sano y salvo con nuestras familias, nuestros deseos fraternizarán con la presente emoción. Dejamos el hogar con la mente resuelta a cumplir nuestro objetivo.

Al no disponer de ingresos, debo apoyarme en mis talentos, y mi entusiasmo será mi guía en los momentos difíciles. Estoy dispuesto a esforzarme para conservar el primero y superar estos últimos.

El agua está baja, aunque algo fresca, hace unos días el río se elevó cerca de metro y medio. Al despuntar el 13 de octubre solo habíamos recorrido catorce millas. El día era bueno. Recé por la salud de mi familia. Pusimos a punto nuestras armas y bajamos a tierra en Kentucky. Nos acompañaba el capitán Sam Cummings, que había zarpado desde Cincinnati con intención de observar los canales, tanto

---

[1] Joseph Robert Mason (1808-1842) proporcionó fondos pintados con acuarelas en muchas de las imágenes de *The Birds of America*. Después trabajó como artista en el jardín de Bartram, en Filadelfia.

los de este río como los del Misisipi. Disparamos a treinta perdices, una chocha perdiz, veintisiete ardillas grises, una lechuza común, un buitre pavo y una reinita gorjinaranja, un ave que el señor A. Wilson[2] se empeñó en denominar reinita coronada joven; era un macho joven con un plumaje precioso para esta época del año. Lo he dibujado. Como estoy completamente convencido de que el señor Wilson se equivoca al presentarla como una nueva especie, me limitaré a recomendaros que examinéis con atención mis dibujos de cada uno de ellos y la descripción de Wilson. Tenía el estómago abarrotado con los restos de pequeños insectos alados y tres semillas de bayas cuyo nombre no pude determinar.

A primera hora de la mañana sopló viento y alcanzamos la ribera del Ohio a la altura de la plantación de W. H. Harrison,[3] donde permanecimos hasta las nueve de la noche.

Avisté varias bandadas de patos por la mañana, antes de limpiar nuestras armas, cientos de praderos orientales; algunos se dirigían hacia el sudoeste.

Se levantó viento y nos llevó a la orilla. Llovió y sopló con fuerza hasta el día siguiente.

---

[2] Alexander Wilson (Paisley, 1766-Filadelfia, 1813) fue un poeta, naturalista, ornitólogo e ilustrador estadounidense de origen escocés. En 1802 emprendió la tarea de publicar un libro de ilustraciones de todas las aves de los Estados Unidos. Con este fin, realizó muchos viajes, observando y pintando aves, además de reunir suscriptores para su libro. El resultado fueron los nueve volúmenes de *American Ornithology* (1808-1814) que incluían ilustraciones de 268 especies de aves, algunas de las cuales no se habían descrito previamente. Wilson murió durante la redacción del noveno volumen. Está considerado el principal ornitólogo estadounidense anterior a Audubon. *(N. de la T.)*.

[3] William Henry Harrison (1773-1841) fue más tarde presidente de los Estados Unidos. Era propietario de una granja cerca de North Bend (Ohio).

Sábado, 14 de octubre de 1820

Después de un desayuno temprano fuimos al bosque; digo «fuimos» porque Joseph Mason, el capitán Cummings y yo estamos siempre juntos.

Disparé a un águila pescadora en la desembocadura del gran río Miami, un hermoso macho de buen plumaje. Aleteó y, al tratar de agarrar la mano de Joseph, se clavó una de sus garras en la parte inferior del pico, quedando en una postura muy ridícula. Estas aves caminan con gran dificultad y, como el halcón y el cárabo, se lanzan de espalda para defenderse.

Regresamos al bote con un pavo salvaje, siete perdices, un escolopácido y un zorzalito colirrufo que quedó demasiado desgarrado para ser dibujado; era la primera vez que encontraba esta ave y sentí especial vergüenza por ello.

Pasamos por las pequeñas localidades de Lawrenceburgh (Indiana), Petersburgh (Kentucky) y por la tarde llegamos a pie a Bellevue, la antigua residencia de la conocida señora Bruce, famosa en el mundo entero. Estaban Thomas Newell y el viejo capitán Green; si mis ojos no me engañaron, esa noche mis sospechas relativas a su conducta quedaron plenamente justificadas. Matamos cuatro somormujos pequeños de un solo disparo a una bandada de unos treinta. Nos acercamos con calma a menos de cuarenta yardas, se perseguían unos a otros y parecían muy alegres. Tras el desconcierto sembrado por el fuego destructor, muchos de los que habían resultado heridos escaparon zambulléndose y los demás salieron volando. Era la segunda vez que veía este tipo de aves. Deben de ser muy poco frecuentes en esta parte de América.

A unas tres millas por encima de Bellevue, en Kentucky, atravesamos una romántica falla del terreno, un camino en forma de media luna de cerca de dos metros de ancho; las rocas estaban compuestas por guijarros grandes y redondos compactados con arena gruesa, de unos cien pies de alto por un lado y sesenta por el otro. He hecho un boceto para vuestro disfrute. Hoy hemos caminado unas cuarenta millas, hemos visto un ciervo cruzando el río.

Domingo, 15 de octubre de 1820

Nunca había conocido una escarcha blanca tan intensa como la de esta mañana, el viento del norte soplaba frío y con fuerza. Hemos disparado a dos escolopácidos y perseguido un ciervo por el río durante mucho tiempo, pero una canoa con dos hombres de Indiana nos llevaba ventaja y lo apresaron en el momento en que yo me disponía a dispararle. Como el viento era favorable, navegamos medianamente bien. Matamos cinco cercetas y una cerceta aliazul, dos palomas, tres perdices y, por suerte, otro zorzalito colirrufo *Turdus solitarius*. Nos encontramos con el barco de vapor *Velocipede* y subimos. Allí viajaban el coronel Oldham, el señor Bruce, el señor Talbot[4] y las damas que formaban parte del pasaje, así como un número considerable de desconocidos. He abierto una carta de tu tío William B.[5] dirigida a tu madre.[6] El señor Aumack mató un ánade real joven. Abrí la molleja de uno de los cuatro somormujos y solo hallé una masa sólida de pelo fino perteneciente, por lo visto, a diversos cuadrúpedos muy pequeños.

He visto un vencejo de chimenea o espinoso; el número de patos va en aumento. Parece que la noche será fría. He matado un cucarachero de Carolina. Se han cocinado los somormujos y nos los hemos comido, pero su sabor era extremadamente rancio, como a pescado, y eran demasiado grasos.

---

[4] El senador Isham Talbot era un invitado habitual de Audubon en Henderson (Kentucky).

[5] William Gifford Bakewell (1799-1871), el hermano más joven de Lucy Audubon.

[6] Audubon escribió su diario, al menos en parte, para su primer hijo, Victor Gifford Audubon (1809-1860).

A las diez nos hemos despertado sobresaltados de nuestro profundo sueño porque el bote había ido a parar a las rocas. Los ayudantes han tenido que meterse en el agua para apartarlo, hacía frío y viento.

Lunes, 16 de octubre de 1820

La misma helada que ayer. Se oían pavos cerca. Fuimos tras ellos sin éxito, respondían a mis llamadas pero se mantenían alejados.

No me sentía bien, he tomado una medicina y he dibujado el zorzalito colirrufo *Turdus solitarius* que maté ayer. Esta ave puede distinguirse fácilmente del *Turdus auracapillus* porque es algo más grande, y del zorzalito rojizo si uno se fija en la parte interna de las alas, que exhiben una lustrosa banda; el estómago contenía restos de insectos y una semilla de uva de invierno, que es un alimento muy nutritivo y delicado. Estas aves no abundan y son generalmente desconocidas. Su canto es suave y quejumbroso. Es raro ver a más de dos juntas. Esta región presenta paisajes sumamente altos, montañosos y accidentados. Hemos visto un urogallo, muchos patos —varios buceadores del norte, o colimbos—, algunos cormoranes, muchos cuervos, varias bandadas de tordos cabecipardos desplazándose al sudoeste. Matamos dos perdices y un pavo.

Los barcos se encallaron en un banco de arena a las siete, tras grandes esfuerzos uno fue liberado. Era el bote en el que yo viajaba; el otro estuvo varado toda la noche. Los hombres sufrieron mucho a causa del frío.

Jueves, 17 de octubre de 1820

Día muy frío y desagradable pero despejado. El otro bote continúa encallado. Bajamos temprano a la orilla, en Kentucky. Un largo paseo por los bosques resultó infructuoso, vi cuatro cuervos, numerosos busardos hombrorrojos, algunos zorzales robín. Bosques llenos de ardillas grises y negras. Regresamos a las embarcaciones. Los otros se unieron a nosotros con dos pavos y un urogallo o faisán.

Los pavos eran sumamente abundantes y a cada hora cruzaban el río desde el lado norte, muchos se echaban a perder al caer en la corriente por falta de fuerza. Las perdices también cruzaban, es más, lo hacía toda la caza que no puede considerarse migratoria como tal.

He visto gran cantidad de vencejos de chimenea rumbo al sudoeste. El vuelo de estas aves ofrece muchas más ventajas que el de la mayoría porque son capaces de alimentarse sin necesidad de detenerse. He matado un buitre americano cabecirrojo que estaba devorando una ardilla gris en un tocón; cayó al suelo y volvió a levantarse, perdiendo su presa; esta última ocupaba todo su estómago. Unos viajeros nos han arrebatado un pavo grande macho que habíamos cazado hoy, 17 de octubre. Perdices, un urogallo, cuatro pavos —maté dos de un solo disparo—, una liebre, un zorzal robín y el buitre americano cabecirrojo. Colocamos algunos sedales una vez atracamos para pasar la noche. Todos los hombres estaban muy fatigados.

Desearía poder alimentaros con la caza considerada por los ricos como la más exquisita. El termómetro ha bajado hasta marcar dos grados.

Miércoles, 18 de octubre de 1820

Jacob Aumack se ha sumado a nuestra cacería. He visto buenos pavos, he matado un cuervo americano *(Corvus americanus)* y más tarde lo he dibujado. Muchos zorzales robín en el bosque y miles de escribanos nivales, varios picogruesos pechirrosas. Matamos dos faisanes, quince perdices, una cerceta, un escolopácido, un somormujo pequeño; a todos estos los he visto exactamente igual que en todas partes. Y un cárabo norteamericano, que sin duda es el más abundante de su género. Me he encontrado mal durante todo el día. Dibujar en un bote donde no es posible para un hombre permanecer erguido me ha provocado un fuerte dolor de cabeza. El nivel del agua ha subido un poco y esto me ha dado esperanzas de alcanzar Louisville antes del domingo. Ansioso por conocer mi destino. Mi situación es cómoda y lamentaría tener que separarme de ellos. Día más templado y nublado. Anoche no pescamos nada.

Jueves, 19 de octubre de 1820

El capitán Cummings, el señor Aumack y Joseph regresaron a la hora del almuerzo de un largo paseo con tan solo siete perdices y un faisán. El señor Shaw disparó a un faisán. Terminé mi dibujo del cuervo americano y después de almorzar bajé a tierra acompañado. Vi muchos ampelis americanos, maté a una reinita gorjinaranja joven. Un cuco de Carolina joven estaba tan debilitado por el mal tiempo que apenas podía volar. Matamos cinco faisanes, catorce perdices, una ardilla y tres pavos con un solo disparo de Joseph. No se le veía poco orgulloso cuando escuchó tres hurras desde los barcos. Este era su primer encuentro con pavos.

En nuestra ausencia, pusieron los barcos a rastrear la zona y una manada de pavos apareció entre ellos. Al tratar de matar alguno con las pistolas de Aumack, uno reventó y el otro hirió de gravedad a Joseph en la cabeza. Hemos hallado una sorprendente cantidad de ardillas grises. La cacería ha sido ardua y fatigosa debido al carácter en extremo montañoso del campo frente a Wells Point.

El estómago del cuco contenía dos saltamontes enteros, una cigarra grande y verde y los restos de distintos escarabajos.

Miércoles, 1 de noviembre de 1820

Lloviznas y viento. Desembarcamos pocos cientos de yardas por debajo de Evansville (Indiana) porque el señor Aumack tenía que recoger algo de dinero. Regresó a bordo con tan solo una escopeta francesa de dos cañones y un reloj de oro de todo lo que se había llevado para vender. Escribí a mi amada esposa y al señor H. W. Wheeler. Vi grandes bandadas de gansos blancos, pero solo uno lucía un plumaje perfecto.

No son tan estúpidos[7] como menciona Linneo.[8] Salimos de Evansville a las dos de la tarde. El capitán Cummings y Joseph se marcharon a Henderson a bordo de un esquife para recoger a Dash, una perra que yo había dejado a cargo del señor Briggs. Unas tres millas más abajo hemos visto tres de esas aves a las que llamo pelícano pardo. Se posaron en un arce rojo después de arduos intentos; sus ruidos recordaban a los del cuervo. Tomamos costa más allá de donde se encontraban y desembarcamos con grandes esperanzas de conseguir alguno. El señor Aumack se acercó a ellos y desenfundó su arma, pero pasó por alto a dos que estaban juntos y que yo esperaba y deseaba ver caer. Se levantó viento y se decidió que debíamos quedarnos. Lamenté mucho la ausencia del capitán y de Joseph, pues confiábamos en llegar a menos de dos millas de Henderson y encontrarnos con ellos a su regreso.

Gente muy demacrada en Evansville. No pude ver al señor D. Negley, como era mi deseo, porque se encontraba en su casa, situada a cuatro millas Pigeon Creek arriba.

---

[7] En la traducción de William Turton de 1806 del *Systema naturæ* de Linneo, que Audubon llevó consigo a Nueva Orleans, el ganso blanco es descrito como «un ave muy estúpida».

[8] Carlos Linneo (1707-1778) fue un científico, naturalista, botánico y zoólogo sueco. Está considerado uno de los padres de la ecología. Creó la clasificación de los seres vivos o taxonomía y desarrolló el sistema de nomenclatura binomial. *(N. de la T.)*.

Sumamente harto de que mi estilo de vida indolente no me haya procurado nada que dibujar desde Louisville.

Jueves, 2 de noviembre de 1820

El capitán Cummings, Joseph y Dash han llegado a la una de la mañana tras realizar el duro esfuerzo de remar a contracorriente. Nos pusimos en marcha sobre las cinco y navegamos río abajo tranquilamente. Cuando estábamos a menos de dos millas de Henderson, se levantó un fuerte vendaval y nos dirigimos a la costa de Indiana, frente a Henderson. El viento soplaba con tal violencia que solo pude hacer un dibujo muy aproximado del lugar. Apenas puedo concebir que pasara ocho años allí, ni que pudiera sentirme cómodo, porque, según mi presente opinión, es sin duda uno de los lugares más pobres del condado occidental.

Vimos algunas gaviotas argénteas grandes,[9] gansos, patos, etc. La noche es tan cálida que los murciélagos vuelan cerca de los botes. Extremadamente impaciente por dibujar algo.

Viernes, 3 de noviembre de 1820

Zarpamos de nuestro puerto al romper el día y pasamos junto a Henderson hacia el amanecer. Contemplé el molino, tal vez por última vez, y con pensamientos que a punto estuvieron de helarme la sangre le dediqué una despedida eterna.

Aquí nos dejó uno de nuestros hombres, un pobre diablo enfermo llamado Luke, un zapatero de Cincinatti que había ejercido de cocinero.

---

[9] Dorso azul pálido, cola y vientre de color blanco. Algunas de las plumas coberteras primarias son negras. Esta ave tiene aproximadamente el tamaño de un cuervo.

El veranillo indio,[10] este fenómeno extraordinario que tiene lugar en Norteamérica, está en todo su esplendor. Indudablemente, la roja intensidad del sol naciente y la neblina constante no son fáciles de explicar. Con frecuencia se ha creído que se debía a las hogueras de los indios en las praderas del oeste, pero lo cierto es que desde que salimos de Cincinnati los vientos en dirección este han prevalecido sin que la niebla haya disminuido en absoluto. Es pernicioso en extremo para la mayoría de los ojos, y en particular para los míos.

El capitán Cummings, el señor Shaw y Joseph salieron a dar una larga caminata pero no vieron nada, mataron cuatro ardillas, un alcaudón americano, un tordo pantanero; grandes bandadas han sido avistadas en dirección sudoeste. Disparé una bala a un aura gallipavo *(Vultur aura)* que se encontraba a unas ciento veinte yardas.

Al tomar costa a los pies de la isla Diamond, vi un buen ejemplar joven de ganso blanco.

También varios buceadores del norte, algunos gansos, unas cuantas grullas canadienses y patos.

Sábado, 4 de noviembre de 1820

Anoche atracamos frente a la parte central de la isla Diamond, que en los últimos tiempos había sido propiedad del difunto Walter Alves, vecino de Henderson. A eso de las nueve se levantó viento y sopló con enorme fuerza, un tremendo vendaval que se prolongó toda la noche. Afortunadamente estábamos a sotavento en la costa.

Esta mañana el viento había amainado ligeramente, pero no pudimos zarpar porque precisamente un poco por debajo de donde nos encontrábamos el curso del río realiza un giro en dirección sudoeste. Cinco de nosotros nos armamos y fuimos a la isla, la recorrimos casi entera a pie. Vi muchísimos pavos y muchos ciervos; maté un macho

---

[10] Se refiere a nuestro veranillo de San Miguel. *(N. de la T.)*.

grande que murió entre las cañas y lo perdí. Volvimos a bordo sin nada. Es probable que, de haber sido dos, aquello se hubiera convertido en una magnífica cacería.

Disparé a un chochín común pero quedó tan destrozado que no pude dibujarlo.

Regresé a los botes sobre las cinco y el viento seguía soplando, aunque empezaba a virar hacia el noroeste. Clima muy frío.

No deja de llover.

Por la mañana he visto que los auras gallipavos que anoche se posaron sobre un cerdo muerto emprendían un largo vuelo matutino hacia el este, como si quisieran estimular el apetito, y cerca de las dos han vuelto para retomar su putrefacto alimento, aunque habían aumentado considerablemente en número. Varios halcones que volaban alto se divirtieron persiguiéndolos y mandaron a muchos casi al suelo.

Al parecer, Dash no sirve para nada.

De vez en cuando vemos alguna grulla del paraíso.

En la isla pude ver muchos urogallos.

Domingo, 5 de noviembre de 1820

Buen clima por la mañana, el termómetro ha bajado hasta un grado bajo cero. Preciosa salida del sol reflejándose en la plácida corriente entre los árboles, como una ardiente columna de fuego. Fuerte helada en las cubiertas. Al posarse sobre ella el brillo solar, ha dotado a la escena de una belleza más allá de toda expresión.

Navegamos relativamente bien gracias a que esta parte del río se contrae por la acción de grandes bancos de arena.

Hace un rato nos ha adelantado un esquife donde viajaban un par de jóvenes gallardos rumbo a Nueva Orleans. Tenían colchones, arcones, un arma y provisiones.

Más o menos a esa hora vi un águila real a la que disparé sin efecto.

Muchos ciervos brincaban alegremente en los arenales y nos hemos entusiasmado.

Pasamos por Mount Vernon, un pequeño pueblo de Indiana ubicado una milla por encima del extremo superior de la isla Slim. El señor Shaw y el capitán Cummings fueron a la isla pero regresaron con las manos vacías. Esta parte del río es bastante complicada.

Hemos atracado unas tres millas antes de la desembocadura del High Land Creek, en la curva del Misisipi.

Hemos visto muchos gansos, algunas grullas canadienses, unos cuantos colimbos, varios zorzales robín, muchos gorriones y periquitos.

Solo he matado un busardo hombrorrojo y he disparado a una chocha perdiz.

Como os prometí una descripción de los personajes que viajan a bordo de ambas embarcaciones, me dispongo a tratar de reproducirlos. Confío en que mi pluma y mis dedos consigan una buena representación de los mismos, pero, en cualquier caso, lo hago con mucho gusto, consciente de lo mucho que os gustará a vosotros, y también a mí, dentro de unos años cuando nos sentemos junto al fuego mirando a vuestra querida madre mientras nos lee.

En mi condición de pasajero a bordo, por supuesto estoy obligado a dar preferencia a quienes reciben la denominación de capitanes, y el señor Aumack es el primero sobre el que me gustaría llamar vuestra atención.

Ya lo conocéis, por lo que no tengo mucho más que añadir. Tratar con quien no se está relacionado por interés es sencillo y raras veces nos equivocamos.

Es una buena persona, un hombre fuerte, de disposición generosa, algo timorato en el río aunque, eso sí, valiente, y las adversidades no le son ajenas. Está al mando del bote donde yo viajo.

El señor Lovelace es un tipo bondadoso que ha sido educado para trabajar sin arrogancia, se le aprecian importantes ansias de hacer dinero. Un bromista aficionado a las chanzas y a las mujeres.

El señor Shaw es propietario de la mayor parte del cargamento; me recuerda a algunos de los judíos que tanta atención prestan a sus intereses y a su bienestar. De rostro y modales afilados. Un bostoniano de constitución débil pero fuerte de estómago. Sabe vivir bien, aunque sea a expensas de los demás.

La tripulación está formada como sigue:

Ned Kelly, un divertido joven de veintiún años. Corpulento y fornido, bien parecido cuando está limpio, en posesión de un ingenio muy vulgar. A pesar de ser un tanto fantoche, a todos produce alegría. Canta, baila y siempre está contento. Es oriundo de Baltimore.

Dos hombres de Pensilvania que, aun sin existir ningún parentesco entre ellos, tienen personalidades muy parecidas. Son *Anthony P. Bodley* y *Henry Sesler*. Trabajan bien pero hablan poco. Carpinteros de profesión.

Podría decirse que el último integrante es el último en todo, la peor parte: *Joseph Seeg*. Perezoso, aficionado al grog,[11] está mejor cuando calla, duerme tan a pierna suelta que ni siquiera se percata cuando la ceniza le quema la ropa.

En ocasiones, el capitán Cummings, Joseph y yo formamos la retaguardia, mientras que otras veces actuamos de avanzadilla. Ya conocéis esta vida y estas descripciones no podrían ofreceros una mejor impresión que la que ya os habréis formado. Compartimos las mismas opiniones y probablemente lo seguiremos haciendo.

Lunes, 6 de noviembre de 1820

Esta mañana el termómetro marcaba por debajo de dos grados bajo cero y era muy desagradable. Bajé a la orilla y caminé nueve millas hasta la desembocadura del Wabash, pero no encontré nada a lo que disparar.

---

[11] Bebida alcohólica a base de agua caliente azucarada mezclada con un licor, generalmente ron. *(N. de la T.)*.

Cerca de una milla por debajo, el viento a favor nos llevó a la costa de Illinois y cinco hombres armados salimos a cazar. ¡Yo disparé a seis ciervos!

La gente de este lugar tiene un aspecto terriblemente enfermizo y su comportamiento carece de todo interés.

Caza abundante.

Nuestros botes se pusieron en marcha una hora antes de la puesta de sol, después de que el capitán Cummings hubiese alargado su cacería río Wabash arriba. Hizo una caminata para nada.

Atracamos para pasar la noche unas seis millas por encima de Shawaney Town,[12] en la costa de Kentucky.

Amenaza con llover, el viento sopla mucho más cálido. He visto algunos mirlos americanos, unos cuantos arrendajos azules, otros tantos azulejos, gansos, grullas canadienses, patos, buitres y el número habitual de pájaros carpinteros para esta época del año.

Martes, 7 de noviembre de 1820

Diez grados esta mañana lluviosa y desagradable. Atracamos en Shawaney Town, donde permanecimos seis horas. He preferido quedarme calentito a bordo. El señor Aumack ha condenado el único agujero accesible de nuestro bote.

He escrito una carta a mi esposa dirigida al señor Wheeler. Dejamos Shawaney Town a las cinco y media y solo hemos logrado alcanzar el extremo inferior de la localidad, pues de nuevo se ha levantado viento y me temo que será una noche muy tempestuosa.

Jacob Aumack ha matado un zanate canadiense, un macho precioso. Dado que estas aves no abundan, tengo la intención de dibujarlo mañana. Rara vez pueden verse muchas de estas aves juntas, caminan con gran majestuosidad y elegancia y vuelan más rápido que los tordos pantaneros.

---

[12] Shawneetown (Illinois).

Durante toda nuestra estancia me he sentido muy inquieto, impaciente por dejar este lugar.

Esta noche, después de agarrarse una buena cogorza, Ned Kelly y su compañero Joe Seeg han llegado a las manos, saliendo perjudicados los ojos y la nariz de Seeg.

Los vecinos de Shawaney se lamentan de sus continuas enfermedades. El lugar ha mejorado, pero no mucho.

Miércoles, 8 de noviembre de 1820

Mañana tranquila y hermosa. Zarpamos con buenas perspectivas, lo cual quedó demostrado al tomar costa a dos millas de la célebre Cave-in-Rock[13] para pasar la noche.

Por la mañana dibujé mi zanate canadiense *Gracula ferruginea* e hice un buen trabajo.

El capitán Cummings ha dedicado todo el día a cazar pero no ha encontrado nada. Nuestras cacerías de las últimas tres jornadas han sido especialmente desafortunadas.

Bajamos a tierra cerca del lugar de desembarco para procurarnos jamón de venado. El señor Shaw ha comprado cuatro piezas por dos dólares, extraordinariamente bueno. El joven que se lo ha vendido había matado tres ciervos hoy mismo y ha colgado un macho grande para que sirviera de alimento a sus perros.

Hoy he matado una ardilla gris y tres escolopácidos. Estas aves vadean a tanta profundidad que cualquiera pensaría que están nadando; vuelan unos metros hacia aguas menos profundas con las alas en alto hasta que parecen plenamente satisfechas de haber tocado fondo; entonces corretean rápidamente y capturan peces pequeños con gran destreza.

---

[13] Cueva de piedra caliza en la ribera de Illinois en el río Ohio justo por encima de la actual Cave-in-Rock de Illinois. En 1797 hizo las veces de cuartel general del asaltante de caminos y pirata Samuel Mason.

He visto una gaviota de gran tamaño, varios jilgueros, numerosos cardinálidos, algunos colimbos pero ni rastro de patos o gansos. El día se ha nublado y ha llovido a ratos, pero ahora está precioso y parece que va a helar.

Unas dos horas antes de que el sol se pusiera, varios cuervos se han puesto a perseguir a un cárabo norteamericano para molestarlo y este se ha elevado del árbol donde había estado posado como habría hecho un halcón, tan alto que lo hemos perdido de vista; actuaba como si estuviera perdido, dibujando círculos muy pequeños de tanto en tanto, agitando mucho las alas y luego zigzagueando. Era la primera vez que veía algo así y, aunque cabría esperar este tipo de comportamiento, me parece raro. Estaba deseando ver su descenso a tierra, pero no ha podido ser.

Los árboles en esta zona han perdido todo su follaje y lo único que insufla vida a los bosques son las cañas y algunas plantas trepadoras *Smilax rotundifolia*. La orilla está densamente poblada con álamos.

Jueves, 9 de noviembre de 1820

Casi todo el día ha soplado un viento de cola, clima frío. No hemos visto nada que cazar a pesar de que hemos recorrido un buen trecho de bosques. Aquí el terreno es pobre en exceso.

Atracamos al atardecer en la Cave-in-Rock después de tan solo avanzar un par de millas.

Sin perder tiempo me puse a dibujarla, lamentando no haber alcanzado este lugar anoche.

Hemos adquirido un esquife de un bote de fondo plano.

Abundantes patos y gansos vuelan río abajo. He disparado a dos patos de una misma bandada que estaba compuesta por lo que parecían aves de corral y a tres ardillas.

Al atardecer, el termómetro en el agua ha bajado hasta casi menos tres grados. Parece que será una noche muy fría.

En la orilla un hombre me ha contado que el invierno pasado capturó un elevado número de ánades reales con una trampa que tenía la forma de un cuatro y aspecto de trampa para perdices.

Los escolopácidos que hemos comido hoy eran muy grasos y desprendían un olor terrible. Yo tomé el zanate y sabía bien.

Viernes, 10 de noviembre de 1820

Esta mañana, en cuanto la luz lo ha permitido, he ido con Joseph a la orilla y hemos encendido una buena hoguera. Llevaba también mi cuaderno de dibujo, demás materiales y un esquife. La mañana era agradable y el termómetro ha subido hasta los diez grados. Mientras me afanaba en un boceto de la Cave-in-Rock, el capitán Cummings salió a caminar por el bosque. A las nueve había completado mi dibujo. Esta cueva es una de las curiosidades que llaman la atención de casi todos los que viajan por el Ohio, y miles de nombres y fechas decoran las paredes laterales y el techo. Hay una pequeña estancia superior de difícil acceso inmediatamente por encima, y a través del techo del piso inferior se accede a otra lo bastante grande para albergar a cuatro o cinco personas sentadas con las piernas cruzadas. Se dice que este lugar ha sido durante muchos años el *rendezvous* de un conocido atracador llamado Mason. Está unas veinte millas por debajo de Shawaney Town, en la misma orilla. Si nuestros botes hubieran permanecido un día entero aquí, me habría gustado disponer de distintas perspectivas del lugar. Las rocas son piedra caliza azul y en muchas partes contienen formaciones redondas de aspecto fino y pedernal, más oscuras que el grueso del conjunto.

A las nueve se nubló y empezó a hacer frío. Nos dirigimos a los barcos pero antes de alcanzarlos comenzó a nevar y a granizar y quedamos empapados de arriba abajo. Los botes han zarpado con el objetivo de cruzar y traspasar la barrera de Walker y la isla Hurricane. Atracamos tan solo una milla por debajo de esta última, la lluvia va en aumento y el clima es extremadamente desagradable. En esta latitud nunca ha habido tanta nieve en esta época.

Vi un busardo calzado, un gavión atlántico. Disparé a dos patos.

Ha llovido con fuerza durante toda la noche y todo el día. Solo hemos avanzado alrededor de siete millas.

He visto unos cuantos pavos.

Una bandada de buitres negros americanos nos obligaron a ir a la orilla, pero eran tan sumamente tímidos que se alejaron volando varios cientos de metros. Los buitres pavo que los acompañaban nos permitían caminar bajo los árboles en los que se posaban. Los buitres negros americanos escasean en esta parte del país y por lo general permanecen en zonas más bajas hacia el sur. Vuelan pesadamente y con torpeza.

Atracamos para pasar la noche en Golconda, una pequeña localidad de Illinois. A pesar de su nombre, no es un buen lugar. El Tribunal estaba reunido.

Domingo, 12 de noviembre de 1820

Por la mañana sopló viento y no hemos abandonado la costa hasta las nueve. Viento agradable. Clima destemplado y nublado. El señor Aumack ha matado un pato zambullidor grande (malvasía canela) de una bandada de cinco que resultó ser de lo más anodino, y también un colimbo grande. El viento ha provocado que nuestro camarote se llenara de humo. No pude sentarme a dibujar hasta después del almuerzo. Tuve el placer de ver sumergirse a dos de esos colimbos, con la cola tiesa, buceando en busca de alimento. Era la primera vez que veía estas aves y ha sido muy gratificante. Mañana haré una descripción detallada.

El colimbo grande murió de un disparo y resultó ser un hermoso espécimen; por supuesto, lo dibujaré para vosotros. Hace tiempo conseguí otro; entonces se llamaban buceadores del norte y nada más ver este he estado seguro, por su tamaño y color, de que se trataba de un colimbo grande.

He visto una gran bandada de pavos volando desde la isla a tierra firme, pero no he matado ninguno.

Hemos atracado aproximadamente una milla por encima de la isla Cumberland. Parece que hace más frío del que en realidad hace. El termómetro marca tres grados y medio. Por la mañana ha caído algo de nieve.

Grandes bandadas de patos y gansos volando hacia el sur.

Lunes, 13 de noviembre de 1820

Una bonita mañana me ha permitido continuar dibujando desde primera hora. Una helada leve embellecía la salida del sol.

Desembarcamos en medio de la isla Cumberland para despachar un esquife encargado de realizar mediciones.

He terminado el pato a la hora del almuerzo y he tenido la fortuna de matar otro del mismo tipo, con las mismas características exactas pero más pequeño. Estas aves salen del agua con aparente dificultad o andares lentos, aunque no se zambullen al oír el fogonazo de una escopeta. En cambio, son muy ágiles volando.

Esta tarde he empezado el dibujo del colimbo grande. Hemos perseguido otro par durante largo rato pero han superado nuestras habilidades. Se zambullían como si descendieran con la corriente pero luego salían unas cien o doscientas yardas río arriba. A menudo metían el pico en el agua; creo que esta es una buena forma de juzgar si hay peces. Disparé a uno de ellos, se zambulló y volvió a salir inmediatamente, como si quisiera ver dónde estaba yo o qué ocurría.

He visto varios ánades rabudos, todos haciendo lo mismo, es decir, nadando a gran profundidad con la cola larga levantada. Sin duda este apéndice les resulta muy útil debajo del agua.

En un banco de arena he visto un oso, salí corriendo tras él sin propósito alguno.

He visto dos de esas aves a las que llamo pelícano pardo. Numerosas bandadas sueltas de mirlos y gansos. El señor Aumack ha visto un águila de cabeza blanca y cuerpo y cola pardas, lo que corrobora la idea de Wilson de que se trata de la misma ave que el águila marrón.

Hemos atracado en mitad de la isla Tennessee. El clima es mucho más agradable.

Hoy Joseph ha dado un paso en falso. Nuestros hombres no estaban de buen humor. Hemos matado siete perdices.

Martes, 14 de noviembre de 1820

Me he puesto a dibujar de buena mañana en cuanto la luz lo ha permitido. He empezado temprano.

He tomado el esquife para intentar disparar a una gran grulla trompetera con las puntas de las alas negras, pero me he alejado de la orilla y he vuelto a sabiendas de que perseguirla a lo largo de un gran banco de arena pelado sería un vano intento. Siento una enorme ansiedad por conseguir un ejemplar, pues son preciosas.

He visto varias águilas marrones de cabeza blanca.

A pesar de que he dedicado casi todo el día a cazar, he conseguido terminar mi colimbo.

El capitán Cummings ha matado veintiséis tordos sargentos *Sturnus praedetorius*[14] —todos jóvenes; han sido nuestra cena, estaban buenos, sabor delicado—, un chorlito dorado y dos ardillas.

---

[14] Tordo sargento, *Agelaius phoeniceus* (*Sturnus praedatorius* en la *Ornitología americana* de Wilson).

El señor Shaw mató una lechuza que, por desgracia, no trajo consigo. Hoy hemos pasado Fort Massac.[15] Aquí el Ohio es magnífico, el río es una milla y cuarto más ancho y permite vistas de hasta catorce o quince millas. Tarde tranquila, con una de esas increíbles puestas de sol que solo se dan en América y que han propiciado una escena muy sugestiva.

Hemos atracado una milla por debajo de lo que se conoce como Little Chain, una obstrucción parcial en la navegación de esta reina entre los ríos.

He visto varios cisnes que volaban muy alto, siempre hay gansos a la vista pero hasta la fecha se han burlado de nosotros; estas aves son más salvajes en los ríos que en los estanques o en los laguillos que discurren paralelos al río en muchas zonas del Ohio, a corta distancia tierra adentro.

El capitán Cummings ha traído una zarigüeya. Dash no ha parado hasta partirle todos los huesos, o eso creía yo, y solo entonces la ha soltado. La han tirado por la borda como si estuviera muerta, pero en cuanto ha tocado el agua ha empezado a nadar hacia las embarcaciones. Estos animales son tan vitales, tan tenaces, que ha sido necesario golpearla con el hacha para acabar con ella. Confiamos en que mañana superaremos las últimas dificultades y en dos días más habremos alcanzado el Misisipi.

La longitud total del ánade rabudo es de cuarenta centímetros. La parte posterior es tres cuartos más corta. Pico azul oscuro, ancho para el tamaño del ave. Un pronunciado gancho en la punta. Patas y pies azul claro, palmas negras. Sabor carnoso. La parte superior de la cabeza, la espalda, las alas y la cola son de color marrón oscuro, con franjas transversales del mismo color. Iris castaño oscuro, ojos bastante pequeños. Cuello, pecho y vientre marrón claro con motas transversales de color negro. Bajo las plumas coberteras se forma una mancha blanca triangular.

---

[15] Fort Massac, en la orilla norte del Ohio, a diez millas de Paducah río abajo (Kentucky).

La cola está compuesta por dieciocho plumas estrechas, afiladas aunque redondeadas en la punta, en forma de cuchara —esta parte es blanca—. Cabeza y cuello cortos y gruesos.

Nada a gran profundidad. La parte blanca del vientre luce un color blanco plateado.

Veintidós pulgadas de ancho. Alas marrones que no tocan la cola por apenas un centímetro. Sin bandas alares.

El clima era borrascoso cuando avisté estas aves, en cambio, desde que el clima es agradable no he visto ninguna.

Peso del colimbo: dos kilos, setecientos gramos
Longitud total: dos pies y ocho pulgadas
Hasta el final de la cola: dos pies y cuatro pulgadas y media
Envergadura alar: cuatro pies
Longitud del intestino: cinco pies y ocho pulgadas

Contenido del intestino y de la molleja: peces pequeños, huesos y escamas, gravilla de gran tamaño. Cuerpo extremadamente graso y rancio. Vientre y pecho blancos pero no plateados como los de los somormujos.

Miércoles, 15 de noviembre de 1820

De vuelta al trabajo esta mañana tan temprano como ha sido posible. El día era precioso. He terminado el dibujo hasta que ha sido de mi agrado después de hacer un boceto de nuestros botes en el paisaje de esta magnífica parte del Ohio. He visto más de una decena de águilas y una a la que he podido observar particularmente bien tenía la cola blanca y la cabeza marrón. Vuelvo a remarcar que las águilas reales, esto es, el pigargo de cabeza blanca, como mínimo, son una cuarta parte más grandes que las de cabeza blanca.[16]

---

[16] Audubon consideraba que las águilas de cabeza blanca inmaduras, *Haliaeetus leucocephalus*, eran una especie distinta que más tarde llamó «el ave de Washington».

He visto una gran bandada de gaviotas blancas de gran tamaño con las puntas de las alas negras; eran muy tímidas mientras volaban pero en absoluto al nadar. Disparé dos veces sin efecto alguno.

Hemos pasado junto a la famosa Chain of Rocks;[17] contemplar los movimientos del señor Aumack ha sido muy entretenido.

Casi a diario veo encallarse embarcaciones de vapor en los bancos de arena, sin prestar atención a sus nombres ni posiciones. Hoy hemos adelantado a tres botes de fondo plano propiedad del señor William Noble, de Cincinnati, que dejaron ese lugar a primeros de agosto. Tres de seis se han perdido.

Hemos atracado dos millas por encima de Nueva América, en la costa de Illinois. Terreno devastado, buena madera de roble y álamo. He matado una zarigüeya.

Los nuestros estaban muy apaciguados.

He visto alondras cornudas, muchos gansos y patos, dos cisnes.

Jueves, 16 de noviembre de 1820

Hemos navegado dos millas y hemos atracado en América para vender algunos artículos. Gente de aspecto muy enfermizo, un lugar del todo miserable. Esta mañana he salido a dar un buen paseo. Por la tarde, el capitán Cummings, Joseph y yo hemos subido al esquife y hemos pasado la tarde de caza, aunque no hemos matado nada. Hemos visto dos gavilanes cangrejeros negros.

Por la noche, a nuestro regreso, hemos encontrado a un malhumorado señor Aumack, y después de retirarnos a nuestro camarote para pasar la noche he recibido una lección de mal carácter que nunca olvidaré.

---

[17] Una zona de rápidos rocosos que hacían que la navegación por ese tramo del río fuera muy peligrosa. *(N. de la T.)*.

Queridos hijos, si alguna vez leéis estos comentarios triviales, prestad atención a lo que sigue:

No os halléis nunca bajo lo que se conoce como obligaciones para con hombres que no son conscientes del valor o la mezquindad de su conducta.

Nunca emprendáis un viaje en cualquier etapa o embarcación sin establecer previamente un acuerdo del todo claro entre vosotros y los propietarios o empleados y, sobre todas las cosas, nunca deis puntada sin hilo si deseáis evitaros problemas mentales y vicisitudes del cuerpo.

Plenamente consciente de que nunca olvidaré esta noche mientras viva, termino aquí.

El viejo vapor *Washington* apareció a nuestro lado. Se llevó veinte barricas de sal, expulsó vapor y ya nos lleva una ventaja de unas dos millas.

Viernes, 17 de noviembre de 1820

Salimos temprano. Tomé el esquife y fui hasta la desembocadura del Ohio, donde se encuentra con el Misisipi.

Hace once años, un 2 de enero, ascendí por esa corriente hacia Ste. Genevieve junto con Ferdinand Rozier, originario de Nantes, en un bote de quilla grande que cargaba con diversos artículos, gran cantidad de los cuales eran de nuestra propiedad.

El 10 de mayo de 1819 pasé por este lugar en un esquife abierto rumbo a Nueva Orleans con dos de mis esclavos.

Ahora he entrado en él pobre, es más, en la miseria, desposeído de todas las cosas, confiando tan solo a la Providencia el consuelo de esta mente fatigada. Pasajero en un bote de fondo plano.

La unión de estas dos corrientes me recuerda al afable joven que, impecable, se presenta ante el mundo. Poco a poco se ve envuelto en miles de dificultades que le hacen desear mantenerse apartado, hasta que finalmente acaba confundido y perdido en la vorágine.

Las hermosas y transparentes aguas del Ohio al introducirse por vez primera en el Misisipi forman pequeños dibujos y resultan más agradables a la vista a medida que descienden rodeadas por la corriente fangosa. Se mantienen aisladas todo lo que pueden bajando por la ribera de Kentucky a lo largo de varias millas, pero luego se reducen a una franja estrecha y desaparecen. En este punto vi a dos indios en una canoa, hablaban algo de francés, tenían cepos para cazar castores, un aspecto extraordinariamente pulcro, varios jamones de venado, un arma y se les veía tan independientes, libres y despreocupados del resto del mundo que me los quedé mirando, admirando su espíritu, y deseé hallarme en su situación. Aquí el viajero penetra en un Nuevo Mundo, la corriente del río permite navegar hasta cerca de cuatro millas por hora, pone al timonero en alerta y le hace estar atento a problemas y dificultades que en el Ohio resultan desconocidos. El pasajero percibe un cambio en el ambiente, unas expectativas muy diferentes. Las curvas de la corriente y su tonalidad es lo primero en lo que uno se fija, a continuación en las orillas hundidas y en el espesor de los álamos jóvenes. La densidad del agua provoca que el termómetro baje de diecisiete a menos siete grados. Atracamos muy temprano. El capitán Cummings y yo hemos caminado por los bosques y comentado la gran diferencia de temperatura que se siente de pronto.

Me despido del Ohio a las dos de la tarde y siento que una lágrima brota de forma involuntaria, cada momento que pasa me aleja de todo cuanto es querido para mí, de mi amada esposa e hijos.

Al entrar en el Misisipi los botes se separan porque es más seguro navegarlo por separado. Nos sentimos mejor por ello, y reviven la esperanza y los buenos ánimos.

Aunque hoy he cazado mucho, poco vi, y nada nuevo: varios martines pescadores, algunos colimbos, gansos, jilgueros, cuyas entonaciones me recordaron a las de los canarios, varios arrendajos azules, de vez en cuando el canto quejumbroso del azulejo: lamento en gran medida que la fuerte corriente en la que nos encontramos no me permita acceder a la orilla, a menos que atraquemos como consecuencia de la fuerza de vientos en contra.

En el momento presente, el Misisipi es una buena etapa intermedia.

Sábado, 18 de noviembre de 1820

Hemos navegado a menos de dos millas de Iron Banks[18] y hemos atracado en la orilla de Kentucky sobre las tres y media.

He hecho un boceto de la parte del río que está por debajo de donde nos encontramos y que comprende la zona de Iron Banks y Chalk Banks a nuestra izquierda y al fondo a nuestra derecha Wolf Island y parte de la costa de Misuri.

Una vez terminado el dibujo, he dado un paseo por el bosque. Hay muchos estanques. He disparado a dos ánades reales. Mientras Dash sacaba el último del agua, un águila de cabeza blanca se ha estrellado contra el pato. La perra la ha traído.

He matado una zarigüeya, muchas aves negras. El termómetro marcaba dieciocho grados. Por la noche han aparecido murciélagos y por el día se han visto grandes cantidades de mariposas y de muchos otros insectos.

La caza no es tan abundante como en el Ohio y es mucho menos variada.

Domingo, 19 de noviembre de 1820

Cuando salimos de Cincinnati acordamos someternos a un afeitado y lavado completos cada domingo, y a menudo he sentido impaciencia por ver llegar el día, pues ciertamente después de llevar toda la

---

[18] Mina de hierro en el lado de Kentucky del río Misisipi, veinte millas por debajo de la desembocadura del Ohio.

semana con la misma camisa, saliendo a cazar a diario y durmiendo sobre pieles de búfalo por la noche, se vuelve sucia y desagradable. Por la mañana hemos pasado junto al célebre Wolf Island —cuya historia aparece ampliamente documentada en el Ohio Navigator—. De este lugar explicó el señor Lovelace: «Un hombre llamado White, tras enloquecer mientras me encontraba viajando río arriba, saltó por la borda en plena noche, alcanzó la orilla, a pesar de que no sabía nadar y de que estaba anclado a siete pies del agua. No volví a verlo. Envié a varios hombres en su búsqueda pero su rastro se detenía en lo alto de la orilla; en aquel momento los mosquitos eran terribles. Debió de morir. En la misma curva del río encontraron a dos hombres muertos de un disparo en la cabeza. No pudieron enterrarlos, pues tal era su hedor».

Hoy hemos avanzado cerca de treinta millas. No hemos matado nada. Vimos al señor James Asler, que me contó que el señor Thomas Litton y él mismo vivían a menos de una milla de Chalk Banks.

Los carpinteros reales son muy numerosos, osos, lobos, etc. Sin embargo, es muy difícil acceder al territorio, las cañas se extienden por todas partes a varias millas del río.

Los domingos contemplo mis dibujos, en particular el de mi amada esposa, y me gusta dedicar una hora a pensar en mi familia.

Hemos atracado frente a donde empieza la isla n.º 8,[19] a los pies de la n.º 7 —en Misuri—, hemos colocado varios sedales y capturado un siluro. Clima agradable.

He visto muchas gaviotas desconocidas.

Los bosques están casi desiertos de aves de pequeño tamaño.

Se oían algunas perdices.

Los gansos salvajes se posan aquí, en los bancos de arena, a varios pies del agua, y se alimentan con semillas de hierbas parecidas a la avena fatua. No obstante, son extremadamente tímidos.

---

[19] Las referencias de Audubon en su *Diario del río Misisipi* a islas numeradas siguen el sistema empleado en *The Navigator*, un libro de navegación compilado por Zadok Cramer y otros y publicado bajo diferentes títulos a lo largo de doce ediciones en 1824.

Lunes, 20 de noviembre de 1820

Los vientos de este río son contrarios a nuestros deseos, del mismo modo que lo son los de una solterona rica a los de un amante del dinero. Ansiamos progresar a causa de nuestra situación, pero un poder superior ha decidido que esto no sea así.

Solamente hemos recorrido unas pocas millas y hemos atracado en torno al mediodía en un lugar tan deprimente que ni el bosque ni la corriente le proporcionaban beneficio alguno.

Al caer la tarde ha llovido.

He matado un busardo colirrojo a gran distancia con una bala, un autillo yanqui, un ganso. Nada en los bosques, que resultan casi impenetrables a causa de las cañas. Al tratarse de un suelo fangoso muy poco firme, no hemos capturado ningún pez.

Martes, 21 de noviembre de 1820

Viento fuerte todo el día. Atracamos en Nueva Madrid a las tres de la tarde.

Este pueblo casi desierto es uno de los más pobres que hay con nombre en este río. Nos aseguraron que el campo era bueno, pero el aspecto de sus habitantes contradice encarecidamente estas afirmaciones.

Visten pantalones de piel de ante y una especie de camisa del mismo tejido de la que rara vez se despojan a menos que esté tan harapienta o tan manchada de sangre o grasa que se vuelva desagradable incluso para el pobre desgraciado que la lleva.

El indio muestra mayor decencia, vive mejor y es mil veces más feliz. Aquí las disensiones familiares están en su apogeo, y matar a un vecino no es peor que matar un ciervo o un mapache.

Aquí reside la señora Maddis, que antes era la legítima esposa del señor Reignier de Ste. Geneviève. Regenta una pequeña tienda junto a un caballero francés. Nos han contado que la asociación se tornó aceptable para ambos por un deseo mutuo de la naturaleza. Fui a casa de la dama, a quien ya había conocido en otras ocasiones, y exhibió muchas costumbres francesas.

Esta noche me ha embargado una sensación de tedio, y es que cada uno de los objetos que resaltan el telón de fondo de mi vida, a menudo supone también una dolorosa muestra de cuánto ha cambiado mi situación.

He realizado algunas indagaciones sobre el funcionamiento de la estafeta, ninguna lo suficientemente alentadora como para permitir que os escribiera unas pocas líneas a mi amada esposa y a vosotros.

Vi algunos gansos y maté uno, dos chorlitos dorados y dos alondras cornudas. No pescamos nada.

Hoy un busardo calzado pasó a pocos metros cuando yo me hallaba con un rifle, pero no pude matarlo al vuelo. Estas aves se vuelven cada vez más abundantes a medida que descendemos por el río. De vez en cuando se ven cisnes volando muy alto.

Todos nuestros ayudantes han jugado a las cartas hasta la hora de acostarse, sobre las nueve de la noche. Los gorriones pantaneros y los pinzones abundan en las altas hierbas secas que bordean las curvas de este río, pero en los bosques no hay nada más que el toc, toc, toc, del monógamo pájaro carpintero.

Miércoles, 22 de noviembre de 1820

Dejamos Nueva Madrid al alba. Habíamos recorrido muy poca distancia cuando se levantó viento, aunque ha sido nuestra mejor jornada desde que llegamos a este río. Hemos atracado después de que oscureciera, tres millas por encima de Little Prairie, en la costa de Misuri.

Joseph y yo hemos navegado por delante de los botes casi todo el día a la caza de un águila de cabeza blanca, aunque en vano. Disparé, y fallé, a un hermoso busardo calzado y a un águila real.

Dado que teníamos una larga curva por recorrer, hemos ayudado al señor Lovelace. Mientras remábamos, un águila de cabeza blanca salió volando desde lo alto de un ciprés detrás de un patito, y estaba a punto de capturarlo cuando le lancé dos cargas pesadas de mi escopeta que la hirieron gravemente.

Esta mañana he ido a la maderera Belle Vue para ver al señor De la Roderie, pero se hallaba ausente en un pantano de cipreses. Vi a su mujer y hermana y les trasladé mis respetos.

El clima es muy agradable, aunque cada noche hiela y todo se vuelve blanco.

A los pocos minutos de haber atracado, Dash asustó a una zarigüeya y todos nos dirigimos a la orilla pensando que era un oso. La pobre zarigüeya volvió a bordo con nosotros.

Colocamos todos los sedales, perdimos uno, junto con un siluro grande, al intentar tirar de él hacia dentro. Abundantes gansos y grullas canadienses en el banco de arena frente a nosotros, recurren con regularidad a estos nidos.

Jueves, 23 de noviembre de 1820

Nada más tomar nuestro desayuno habitual, tocino frito y galletas remojadas, Joseph se ha marchado a su puesto y yo al mío, esto es, él a remar en el esquife y yo a manejarlo. Fuimos a Little Prairie, disparamos a un águila real desde una distancia que debía de superar las doscientas cincuenta yardas, y aun así le arrancamos una de las patas.

En este lugar hemos visto grandes cantidades de pájaros, sobre todo zorzales robín, cuyas entonaciones hicieron revivir nuestro espíritu y nos transmitieron la dulce sensación que la primavera trae a las mentes de nuestra especie.

El zanate canadiense es sumamente abundante, pinzones y muchos gorriones.

Disparé a una hermosa águila calva o pigargo americano, *Falco leucocephalus*, probablemente se encontraba a unas ciento cuarenta yardas. Mi bala le atravesó el cuerpo.

Regresamos de inmediato a los botes y empecé a dibujarla. Es un macho precioso.

Hemos disparado muchas veces a los gansos, pero son tan tímidos que lo único que conseguimos al enfrentarnos es echar a perder la munición.

Hemos navegado veintitrés millas. Atracamos frente a la isla n.º 20 según el viejo *Navigator*. Había algunos indios acampados, nos hicieron cargar con todas nuestras pertenencias.

Vi dos nidos de águila, uno de los cuales recordaba haber visto en mi anterior viaje a Nueva Orleans, hace dieciocho meses. Se apreciaba mucho ajetreo, sin duda había crías dentro; está en un gran ciprés, no muy alto, hecho con palos muy grandes y secos, de unos ocho pies de diámetro.

Puesto que he matado a una delante de mis ojos, estoy convencido de que el pigargo americano y el águila real son dos especies diferentes.

Viernes, 24 de noviembre de 1820

Vientos fuertes han arreciado todo el día en nuestro puerto de anoche. Al amanecer vimos un ciervo cruzando el río por debajo de nosotros, hemos salido a por él y lo hemos traído a los botes. Lo hemos limpiado, pesaba setenta y tres kilos y sus cuernos tenían nueve puntas. Estaba tan destrozado que el cuello se había hinchado y medía el doble del tamaño de su cuerpo.

He dedicado gran parte del día a dibujar. Todos los ayudantes han salido a cazar y han matado dos gansos, un mapache y una zarigüeya.

Aquí los bosques están tan espantosamente enredados con juncos, plantas trepadoras y cañas que avanzar a través de ellos es fastidioso en extremo.

He avistado varios buitres negros americanos y algunos buitres pavo que se habían sentido atraídos por el olor de los ciervos que habíamos colgado en el bosque.

Un poco más allá río abajo de donde nos encontramos nosotros hay una familia de tres personas en dos esquifes, una mujer y dos hombres. Son demasiado perezosos para ponerse cómodos. Están tumbados sobre la tierra húmeda junto a la orilla, comen mapaches y beben agua fangosa para ayudar a bajar el alimento. Proceden de la desembocadura del Cumberland y sin ninguna duda se desplazan hacia algún lugar del mundo que es aún peor.

He visto varios carpinteros reales. Estas aves siempre van en pareja, y cuando abandonan un árbol para volar hasta otro, planean y se parecen al cuervo. He disparado y matado a un buitre pavo desde muy lejos, lo que me llevó a confundirlo con un zopilote negro.

Desgraciadamente, estamos en una parte del río que es mala para peces.

Sábado, 25 de noviembre de 1820

He dedicado todo el día a dibujar el águila de cabeza blanca. Clima extraordinariamente cálido, el termómetro ascendió a veintiún grados, el viento ha soplado con fuerza a favor, hemos permanecido quietos. En el transcurso de la tarde nos ha pasado un pequeño vapor, el *Independance*, he visto con el catalejo al capitán Nelson, de Louisville. Todo el día rodeados de mariposas, avispas y abejas. La familia del esquife de ayer se encuentra a pocos cientos de metros por debajo de nuestra posición, la mujer lavó para nosotros.

Al atardecer el viento viró, una nube pesada vino a nuestro encuentro y dio lugar a un gran cambio en la atmósfera.

He matado dos gansos y dos mapaches.

He visto dos buitres negros americanos atraídos por los intestinos de los ciervos que cazamos ayer.

Los hombres han navegado todo el día.

Domingo, 26 de noviembre de 1820

He dibujado todo el día, hemos navegado dieciocho millas. La familia de los esquifes subió a bordo esta mañana casi congelados, el termómetro ha bajado a cinco bajo cero. Territorio muy duro y estar sin camisa ha sido bastante desagradable.

La mujer de los esquifes ha remendado mis pantalones marrones buenos.

Observo a estas personas y considero fríamente su condición. Comparada con la mía, sin duda, a simple vista son más miserables, pero pensar así es un error, porque la pobreza y la independencia son los únicos amigos que viajarán juntos por todo este ancho mundo.

He disparado a un águila de cabeza blanca y cola marrón.

Patos, gansos, cisnes y otras aves, todas yendo hacia el sur.

Lunes, 27 de noviembre de 1820

Clima fresco y nublado, después de cuatro días he terminado mi dibujo del águila de cabeza blanca.

La noble ave pesaba casi cuatro kilos, medía seis pies y siete pulgadas y media. Longitud total era de dos pies y siete pulgadas y media. Resultó ser macho, con un corazón extremadamente grande, mi bala le atravesó la molleja y no pude distinguir su contenido.

Estas aves son cada vez más numerosas, cazan en pareja y establecen sus nidos en altos árboles. Esta mañana una de ellas atrapó la cabeza de un ganso salvaje que había sido lanzada por la borda con la misma facilidad con la que un hombre la habría asido con la mano. Persiguen patos, y cuando capturan a uno de la bandada, lo arrastran hasta un banco de arena y ambas águilas lo devoran. Por la tarde se muestran más tímidas que por la mañana. Raras veces vuelan alto en esta época. Observan desde lo alto de los árboles y se arrojan contra cualquier cosa que pase cerca. Para conseguir un ganso, el macho y la hembra se lanzan alternativamente y le dejan tan poco tiempo de respiro que en cuestión de minutos el pobre se rinde.

Todos estamos indispuestos por haber comido del ciervo sin mesura. El señor Shaw se ha marchado esta mañana al bote del señor Lovelace. He tenido una buena racha. Vi una gran bandada de gaviotas blancas, pero ninguna ave no voladora. Para mi gran sorpresa, todavía no he visto pelícanos ni cisnes, ni en el río ni en los bancos de arena. Los únicos patos que ahora vemos son ánades reales. No hay caza disponible, nada que procurar en la orilla. Tomamos costa a los pies de la isla de la Harina, frente al primer Chickasaw Bluff,[20] el primer terreno elevado desde Chalk Banks.[21]

Mientras contemplaba hoy el retrato de mi amada esposa, pensé que estaba modificado y que parecía apenada. Me asaltó una inmediata sensación de terror, temí que estuviera en apuros.

Aunque no podré tener noticias durante semanas, confío en que tanto ella como nuestros hijos estén bien.

Con mal tiempo, las águilas a lo largo de la orilla en este río se retiran al interior de los bosques de altos cipreses y permanecen todo el día posadas sobre sus extremidades inferiores. He tenido la oportunidad de ver varias desde nuestro lugar de desembarco, con mi catalejo.

Martes, 28 de noviembre de 1820

Siendo una mañana lluviosa, no puedo cazar, y voy a aprovechar esta oportunidad para relataros algunos incidentes relativos a mi vida, pues creo que llegará un periodo futuro en el que os alegrará conocerlos.

---

[20] El Chickasaw Bluff es el terreno elevado que se alza entre unos quince y sesenta metros sobre la llanura aluvial del río Misisipi, entre Fulton, en el condado de Lauderdale, Tennessee y Memphis, en el condado de Shelby (Tennessee). Esta elevación, en forma de cuatro acantilados, lleva el nombre del pueblo Chickasaw. *(N. de la T.)*.

[21] Actualmente es Fort Pillow State Park, condado de Lauderdale (Tennessee).

Mi padre, John Audubon, nació en Sables d'Olonne, en Francia. Era hijo de un hombre que tenía una gran familia. Como eran veinte hombres y una mujer, su padre lo inició desde muy temprana edad como grumete a bordo en un ballenero. Por supuesto, carecía de cualquier tipo de educación, pero era de naturaleza rápida, trabajadora y sobria. Su periplo fue duro, pero no se cansaba de repetirme que jamás se había arrepentido. Hizo de él una persona robusta, activa y apta para recorrer los escarpados caminos del mundo. Pronto fue capaz de comandar un barco de pesca, y de comprarlo, de modo que rápidamente se internó en la senda de la fortuna. Así, una vez alcanzada la mayoría de edad estaba al mando de un pequeño navío de su propiedad y comerciaba en Santo Domingo.

Un hombre con semejantes talentos naturales y capacidad de emprendimiento no podía estar confinado a la ordinaria monotonía de los animales que solo se preocupan de ganar dinero, y entró en la Armada francesa como oficial bajo el reinado de Luis XVI. La fortuna quiso que lo emplearan como agente en Santo Domingo para ocuparse de esta delegación. Cada nuevo movimiento era un golpe de suerte y se hizo rico. La Revolución de las Trece Colonias le trajo a este país como comandante de una fragata bajo las órdenes del conde Rochambeau, tuvo el honor de ser presentado al gran Washington y el mayor Croghan de Kentucky,[22] que lo conocía bien, me ha asegurado en numerosas ocasiones que guardo un gran parecido con él. Mi padre prestaba diversos servicios en el Ejército americano en el momento de la rendición de lord Cornwallis.

Antes de su regreso a Europa compró una hermosa granja entre los ríos Schuylkill y Perkiomen Creek, en Pensilvania. Las guerras civiles de Francia y Santo Domingo ocasionaron grandes reveses en su fortuna y pudo salvar la vida a duras penas.

---

[22] William Croghan, héroe de la guerra de Independencia de los Estados Unidos, en cuya propiedad en Louisville (Kentucky) Audubon era un invitado habitual.

Igual que otros tantos miles, vio cómo le arrebataban su riqueza y se quedó con poco más de lo necesario para vivir y educar a dos de sus cinco hijos (tres de mis hermanos más pequeños perecieron en las guerras).

Permaneció en Francia, volvió a ingresar en el Ejército al servicio de Bonaparte, sin embargo, la Armada francesa no prosperó y se retiró a una bella hacienda situada a tres leguas de Nantes desde donde podía contemplarse el Loira. Allí llevó una vida feliz hasta su muerte. La mayoría de los hombres tienen defectos, él tuvo uno que nunca lo abandonó hasta que una vida que es común a muchos individuos lo fue serenando. En cualquier caso, muchas cualidades compensaban este defecto; su generosidad era, a menudo, demasiado grande. Nunca he tenido queja de él como padre, y una enorme cantidad de duraderas amistades demuestran que era un buen hombre.

Mi madre, que según tengo entendido era una mujer de una hermosura extraordinaria, murió poco después de alumbrarme. Como mi padre se había casado en Francia, me sacaron de allí cuando solo contaba dos años y fui recibido por la mejor entre las mujeres, que me crio y amó en la medida de sus posibilidades. Mi padre nos dio a mi hermana Rosa y a mí una educación acorde con sus objetivos. Estudié matemáticas desde muy joven y tuve muchos profesores de afable talento. Tal vez hubiera acumulado mayores conocimientos si las constantes guerras en las que Francia estaba envuelta no hubieran forzado mi marcha con tan solo catorce años. Entré en la Armada y, en contra de mis inclinaciones, fui recomendado como alférez de fragata en Rochefort. La breve paz de 1802 entre Inglaterra y Francia supuso el punto final a mi carrera militar, y el reclutamiento determinó que mi padre me enviara a vivir a América, a la granja Mill Grove que he mencionado unas líneas más arriba. Me envió al cuidado de don Miers Fisher, un rico y honesto cuáquero de Filadelfia que había sido su delegado durante muchos años y que me recibió con una amabilidad tal que no me quedó duda de que tenía mi nombre en gran estima.

Un joven de diecisiete años enviado a América para hacer dinero (pues tal era el deseo de mi padre), que había crecido en Francia en circunstancias acomodadas, que nunca había prestado atención a la falta de algún artículo, pues los había tenido a discreción, no era apto para semejante empresa. Gasté mucho dinero y un año de mi vida con la misma felicidad con la que un pájaro joven se dedica a cantar alegremente al haber abandonado la supervisión parental, mientras que halcones de todas las especies lo contemplan como la presa fácil que es.

Tuve un socio con quien no terminaba de entenderme. Probó suerte…[23] Nos separamos para siempre.

Bien está que aquí mencione que tomé tierra en Nueva York, contraje la fiebre amarilla y tardé tres meses en alcanzar Filadelfia.

Poco después de mi llegada a la granja, tu madre, Lucy Bakewell, llegó con la familia de su padre a una granja llamada Fatland Ford que estaba separada de la mía por tan solo la carretera que conducía a Filadelfia. Pronto nos conocimos y sentimos un gran aprecio el uno por el otro. Fui a Francia para obtener el consentimiento de mi padre para casarme con ella y regresé con un socio, Ferdinand Rozier, de Nantes. Me inicié en un negocio, pues la idea del matrimonio me aportó unos pensamientos tan novedosos que nada me complacía más que la intención de asegurar a mi futura esposa e hijos las comodidades a las que hasta entonces ambos habíamos estado acostumbrados. Viajé por el oeste del país y elegí Louisville como lugar de residencia. A mi regreso, y ya con la mayoría de edad, me casé con vuestra querida madre el 5 de abril de 1807 y me trasladé a Kentucky (Louisville no se ajustaba a nuestros planes y dejamos aquel lugar con vistas para visitar San Louis, en el Misisipi). Sin embargo, rara es la vez en que nuestros deseos se ven favorecidos, pues no llegamos a alcanzar el lugar porque mi socio no mantenía una buena relación con mi esposa. Os dejé a ella y a ti, Victor, en Henderson, cuando todavía eras un bebé.

---

[23] En el manuscrito de Audubon algunas partes de este pasaje han sido eliminadas, posiblemente a manos de un tercero, y resultan ilegibles.

Tras alcanzar Ste. Genevieve, después de muchas dificultades, hielo, etc., me despedí del señor Rozier y caminé 165 millas hasta Henderson. Tardé cuatro días.

Vuestro tío T. W. Bakewell se había unido a mí para establecer un negocio en Nueva Orleans que tuvimos que trasladar a Henderson debido a la guerra con Inglaterra.

Este lugar fue testigo de mis mejores días, de mi felicidad, de que mi esposa me bendijera contigo y con tu hermano Woodhouse y con una dulce hija. Según mis cálculos, viviríamos y moriríamos tranquilamente, el negocio era próspero, no había desavenencias. Sin embargo, estaba destinado a hacer frente a un sinfín de acontecimientos desagradables. Entró un tercer socio[24] y la construcción de un gran aserradero a vapor, la compra de demasiados bienes comercializados a crédito, por supuesto perdido, nos dividió.

Vuestro tío, que se había casado un poco antes, se trasladó a Louisville. Unos hombres a quienes conocía desde hacía mucho tiempo me ofrecieron asociarme con ellos, acepté y un pequeño rayo de sol apareció en mi negocio, pero una revolución provocada por una infinidad de fallos puso fin a todo eso. Mi esposa por lo visto perdió su buen espíritu, yo no sentía deseo alguno de probar suerte en el negocio mercantil, pagué todo cuanto estuvo en mi mano y me marché de Henderson, pobre y lleno de pensamientos miserables.

Vi frustrada mi intención de ir a Francia para ver a mi madre y a mi hermana y finalmente recurrí a mi ingenio para manteneros a vosotros y a vuestra querida madre, que por fortuna se apaciguó al cambiar de estado y me ofreció el ánimo que de verdad necesitaba para enfrentarme a las miradas malhumoradas y al frío recibimiento de quienes hasta hacía bien poco se habían alegrado de contarme entre sus amigos.

---

[24] Thomas Woodhouse Bakewell (1788-1874), hermano de Lucy Audubon, se asoció con Audubon en la construcción de un molino de vapor en Henderson (Kentucky). Más adelante, Thomas Pears se convirtió en el tercer socio.

En un intento de asemejarme a don James Berthoud,[25] un hombre especialmente bueno, y el único amigo sincero que creo que mi esposa y yo hemos tenido, y para complacer a su hijo y esposa, descubrí unas capacidades tales que me comprometí a seguir adelante y en pocas semanas tuve éxito más allá de toda expectativa.

Tu madre, que había permanecido en Henderson y que tenía que llegar por agua, en última instancia se vio obligada a viajar en carruaje, y por segunda vez nació otra dulce hermana para vosotros, cuánto me aflige acordarme de sus encantadores rasgos cuando succionaba el nutritivo alimento de su querida madre. A pesar de ello, nos fue arrebatada con tan solo siete meses. Habiendo obtenido todo cuanto Louisville podía ofrecer, me trasladé a Cincinnati, dejándoos a todos vosotros atrás hasta que hallé el medio de manteneros: gracias a mi habilidad en el disecado de peces entré al servicio del Western Museum cobrando ciento veinticinco dólares al mes, y establecí una escuela de dibujo con veinticinco alumnos, hice algunos retratos y volví a teneros conmigo. Sin embargo, los lugares pequeños no ofrecen un apoyo permanente.

Desde niño había tenido el desconcertante deseo de conocer mundo y, en particular, de adquirir un verdadero conocimiento de las aves de Norteamérica. En consecuencia, me iba de caza siempre que tenía oportunidad y dibujaba cada nuevo espécimen cuando podía o cuando me atrevía a robarle tiempo a mi negocio. Después de poseer una cantidad relativamente importante de dibujos que por lo general habían causado admiración, concluí que tal vez mi mejor opción era viajar y terminar mi colección, o completarla todo lo posible de modo que se convirtiera en una valiosa adquisición. Mi esposa confiaba en que funcionara y una vez más volví a dejarla con la intención de regresar al cabo de siete u ocho meses. Escribí a don Henry Clay, a quien conocía, y me remitió una carta de recomendación muy

---

[25] Natural de Neuchâtel, en Suiza, que se había establecido en Shippingport (Kentucky) en 1803. El retrato de Audubon, que fue completado en 1819, se encuentra en el J. B. Speed Art Museum de Louisville (Kentucky).

educada y afable; recibí otras tantas de distintas personas: del general Harrison, entre otros.

Desde el día en que dejé Cincinnati y hasta hoy, mi diario ofrece una idea aproximada de cómo paso la tediosa travesía en un bote de fondo plano rumbo a Nueva Orleans.

Nos hemos desplazado desde el lugar de desembarco de anoche pero tan solo hemos cruzado el río porque la lluvia ha hecho descender la niebla hasta el punto de que era imposible ver más allá de veinte o treinta yardas. He tocado un buen rato la flauta. He contemplado mis dibujos, he leído todo lo que he podido y aun así el día se me ha hecho muy largo y pesado, porque aunque soy por naturaleza ligero de espíritu y a menudo estando lejos del hogar intentando mantener un buen ánimo, también me suelen asaltar los momentos de angustia. La lluvia ha cesado durante unos minutos. El capitán Cummings, Joseph y yo hemos salido a caminar por un banco de arena donde Joseph ha matado una grulla del paraíso de gran tamaño, aunque por desgracia joven. Hemos visto algunos gansos, muchos cardinálidos, algunos cucaracheros de Carolina. Hoy todo es mejor. Afortunadamente nuestro bote no tiene ninguna fuga. He visto varios pinzones morados.

Miércoles, 29 de noviembre de 1820

La lluvia que comenzó hace dos días nos ha acompañado también durante todo este día, no obstante, aun así hemos zarpado sobre las siete de la mañana y hemos recorrido veinte millas. Hemos pasado junto al segundo Chickasaw Bluff, pero llovía tanto que no he podido dibujarlo. Los Chickasaw Bluffs son más interesantes que Chalk Banks, resultan más grandiosos e imponentes. Tienen entre ciento cincuenta y doscientos pies de altura, con deslizamientos irregulares y múltiples tonalidades con estratos rojos, amarillos, negros y un intenso color plomo. Todo el conjunto presenta una naturaleza deslavazada y poco compacta que proporciona un interesante contraste con la bajada hasta el borde del agua, que en esta zona es muy profunda. El estrato superior (cuyo recorrido es horizontal) está perforado con miles de agujeros que sirven de nidos para el avión zapador. Estos acantilados tienen cerca de dos millas y media de largo. La parte interior es árida y pobre.

Hemos permanecido atrapados dentro del bote, sin poder salir, la mayor parte del día. Hemos visto unas cuantas gaviotas, todas blancas, un águila de cabeza blanca y alguna que otra grulla, una gran bandada de jilgueros, varios arrendajos azules y cardinálidos, de tanto en tanto se escuchan carpinteros reales.

Hemos tomado costa al pie de la isla n.º 35, varias millas por encima de lo que los navegadores llaman Devil Raceground [la ruta del diablo], pero dado que el Misisipi entero presenta la misma naturaleza, resulta bastante irrelevante seguir la Ruta del Diablo en cualquier punto de su fangoso curso.

Jueves, 30 de noviembre de 1820

Hemos encontrado la Ruta del Diablo bien despejada y usada y la hemos atravesado con gran facilidad. Muchos lugares en este río parecen más terribles y difíciles de lo que en realidad son debido a sus extraordinarios nombres.

Hemos disputado una carrera de varias millas con la embarcación del señor Lovelace que a punto ha estado de terminar en conflicto. Me hizo pensar en los que apuestan jugando a las cartas que, por mucho que jueguen en vano, siempre se lamentan al perder.

Hemos recorrido veinticinco millas y tomado costa por debajo de los Twelve Outlets, pasado el tercer Chickasaw Bluff, cuya visión se ha visto interceptada por el hecho de navegar por el lado derecho de una isla. Temperaturas frías y muy desagradables, soplaban fuertes vientos en su mayoría de cola. Subieron varios hombres a bordo del bote del señor Lovelace que aseguraron haber matado tres osos algunos días antes. Vimos unos cuantos indios en un pequeño campamento. Esta mañana he podido observar dos bandadas de cercetas americanas volando río arriba. Los periquitos son muy numerosos en los bosques. Una gran bandada de grullas canadienses nos ha sobrevolado un tiempo en círculo y elevándose hasta alcanzar una altura considerable, luego han tomado dirección sur. Había un cisne en un banco de arena, tan asustadizo que ha salido volando varias veces hacia la orilla al advertir los botes. Allí donde hemos atracado se han visto gorriones pantaneros escondiéndose en la hierba alta que bordea los bancos, cuyas semillas cubren la tierra o, mejor dicho, el barro; los gansos se alimentan a voluntad de ellas mientras que la hierba les proporciona un lugar agradable durante el día. He visto unas cuantas gaviotas y una gran bandada de patos de cola puntiaguda que se dirigía al sur.

Los ampelis americanos vuelan hacia el noroeste.

Esta tarde hemos adelantado a diecinueve botes planos en la orilla, algunos de los cuales habían salido de las cascadas diez días antes de nuestra partida.

Hoy he visto dos cuervos americanos, los únicos que he visto en el Misisipi.

Viernes, 1 de diciembre de 1820

Mañana fría y nublada, bandadas de patos y gansos, etc. volando alto, muy abundantes, todas con destino al sudoeste. He observado grandes bandadas de serretas; estas aves rara vez abandonan el claro Ohio o sus afluentes a menos que se vean obligadas por el avance del hielo. Su paso hacia el sur en una época tan temprana es una indicación del severo invierno que caerá sobre nosotros.[26] Su vuelo es horizontal,

---

[26] El 25 de febrero del mismo año, en Nueva Orleans, vi un artículo en un diario de Nueva York que decía que el clima había sido intensamente severo, que el mercurio había caído hasta los veinticuatro grados bajo cero, que el puerto de Nueva York estaba completamente rodeado de hielo y que todas las corrientes de ese estado y

con frecuencia hacia adelante formando ángulos agudos y tan rápido que cabría suponer que el ruido sobre nuestras cabezas es el resultado de un violento vendaval. Por la mañana temprano he visto centenares de gaviotas jugando en un gran banco de arena. Cuando hemos intentado acercarnos a ellas, se han alzado muy alto en dirección sur. Al mismo tiempo, cuatro águilas de cabeza blanca se deleitaban con el cadáver de un ciervo. Los enjambres de zanates que nos sobrevuelan son increíbles. Los pinzones morados son también muy numerosos, hemos visto varios centenares en una sola bandada. Cuando el frío es intenso, apenas puede verse un solo ave por los arenales; entonces los estanques ofrecen alimento y refugio. Hemos pasado junto a un extenso asentamiento de leñadores. El señor Shaw ha matado cinco gansos, cuatro de ellos de un solo disparo.

He visto dos busardos pizarrosos, un *Falco pennsylvanicus* y un busardo hombrorrojo. Bajé a tierra y fui hasta una casa que se alzaba en una curva pronunciada a unas cinco millas del río Wolf. He visto dos preciosos cinamomos. Aquí, las tierras altas se encuentran a menos de dos millas del río y el lugar donde se halla la plantación jamás sufre inundaciones; son sitios extraordinarios.

Desembarcamos justo delante del viejo Fort Pickering.[27] Llegamos hasta él a través de un camino muy angosto y torcido y lo hallamos en una situación muy deteriorada. Está ubicado en un lugar precioso y rodeado de tierras fértiles. Se nos ha informado de que era un sitio muy agradable para vivir cuando estaba en manos de los españoles. Unas dos millas por encima, la desembocadura del río Wolf aparece por el este y es el lugar de desembarco para una ciudad llamada Memphis. Hemos recorrido veinticuatro millas. He visto varios rascadores zarceros y muchos gorriones. Al borde del agua, en mitad de la etapa, hay una veta de carbón que discurre horizontalmente a

---

de Pensilvania estaban interrumpidas. Muy contento de ver que las migraciones de un pájaro tan particularmente rápido como la serreta realmente pueden considerarse como un heraldo del clima en sus desplazamientos hacia el norte y hacia el sur.

[27] Emplazamiento de la actual Memphis (Tennessee).

unos dos pies por encima de la superficie. Esto y la idoneidad de la ubicación puede llegar a resultar muy valioso.

Por la tarde he visto dos águilas apareándose. La hembra estaba posada en una rama muy alta y se agachaba cuando se acercaba el macho, que llegaba como un torrente, se posaba sobre ella y chillaba tembloroso hasta que se marchaba volando. La hembra salía tras él y zigzagueaba por el aire. Esta es una de las escasas demostraciones de estas aves —y de todas las integrantes del género *Falco*— que he tenido el placer de presenciar, mucho antes que con cualquier otra ave terrestre.

Hemos perdido uno de nuestros sedales. Era muy fuerte y estaba bien sujeto a una robusta vara de sauce, por lo que ha debido de llevárselo un pez grande.

La barba de los pavos mide cerca de dos centímetros y medio el primer año. Un macho en pleno crecimiento y plumaje debe de rondar los tres años.

Los gansos están tan habituados a evitar el peligro que cada vez que se aproxima un bote de fondo plano se alejan de la orilla hacia los sauces y álamos jóvenes que crecen a unas cien yardas de la ribera. No obstante, en una curva donde la orilla es escarpada, es más fácil llegar hasta ellos.

Sábado, 2 de diciembre de 1820

Nublado y frío. He tomado el esquife y he navegado por delante de los botes, que es la única forma de cazar de la que dispongo en estos momentos. Cuando aparece alguna presa me tumbo en la proa y me deslizo hasta encontrarme a una distancia adecuada. He disparado a un águila de cabeza blanca y a un busardo calzado. He fallado ambas veces, en el caso del busardo porque al huir agitó las alas como una paloma, con un movimiento más rápido que el de cualquier otra ave en su vuelo común. No me explico la razón que me ha llevado a errar con estas aves, pues me hallaba a menos de cien yardas. He matado tres pavos de dos disparos; tenían el buche lleno de uvas de invierno y en la molleja había semillas del mismo tipo de uva y arenilla. Eran extremadamente confiados. He ido directo a ellos y me he acercado a unas veinticinco yardas. Los días fríos obligan a los gansos a apartarse de la orilla. Los bosques están literalmente plagados de periquitos y también hay muchísimas ardillas y pinzones. Sobre la una ha empezado a llover. De vez en cuando aparece una cabaña de leñador en alguna pequeña parcela de tierra quemada, entre dos gruesos cañaverales.

Los pulmones de los pavos que he examinado hoy eran muy semejantes a mocos de pavo conectados por una piel gruesa. Medían aproximadamente media pulgada, mientras que la piel fina tenía un cuarto de pulgada.

Muchos carpinteros escapularios, algunos gavilanes comunes.

Hemos tomado costa en lo que se conoce como isla fluvial un poco por encima de la isla n.º 51. Una isla fluvial es una pequeña isla de sauces que se inunda durante las crecidas del río.

Aún no había oscurecido y la hemos recorrido a pie. He visto muchos gansos y un oso joven, pero era tan tarde que hemos tenido que llamar a Dash para que volviera y renunciar a él.

Llueve y es muy desagradable. Muchas gaviotas han revoloteado a nuestro alrededor durante todo el día recogiendo los pulmones y la grasa de los pavos y gansos que eran arrojados por la borda.

Domingo, 3 de diciembre de 1820

Ha llovido con fuerza toda la noche. Por la mañana se ha decidido que los botes no zarparían, al menos no de momento. Nuestros capitanes han salido a cazar. El viento ha soplado a intervalos y cada vez que amainaba se apreciaba cierta diferencia en la fuerza de la lluvia. He visto varios cuervos, muchas alondras pardas, muchos gansos y ánades reales. Hoy he matado dos gansos, dos ánades reales y dos serretas grandes, ambas hembras: veinticinco pulgadas de longitud, el pico y las patas no demasiado brillantes, color ceroso de cielo, como suele ser habitual; lengua filosa triangular y con dientes. Eran ejemplares jóvenes; una de ellas había capturado un pez de unas nueve pulgadas, uno de esos peces que succionan, y en el momento de matarla solo lo había tragado parcialmente. Había cinco en total. Las ahuyentamos varias veces de un estanque que había en la parte interior de una isla hasta que finalmente disparé al vuelo a estas dos.

Los gansos son muy tímidos. Hacia las dos de la tarde nos han adelantado tres embarcaciones de quilla. Zarparon de las cascadas de Ohio hace tres semanas. Hemos dejado el puerto y hemos navegado unas cuatro millas hasta los pies de la isla Buck. En este lugar, durante la puesta del sol he podido ver centenares de ánades reales viajando hacia el sur y el arcoíris más hermoso de toda mi vida; las nubes que había por delante eran también muy bonitas. He contemplado el retrato de mi amada esposa, me he afeitado y lavado, que es uno de los escasos disfrutes que permite un bote de fondo plano. El ganso que hemos comido olía extremadamente mal.

Joseph ahora se ve obligado a ejercer de cocinero y no parece disfrutar con ello. Cuanto más conozco al capitán Cummings, más me gusta. Desearía poder decir lo mismo de todo el mundo.

En la isla fluvial donde hemos pasado la noche ayer y hoy había muchos nidos secos de tordos en los pequeños sauces. Abundantes gorriones en las hierbas altas. He visto dos bandadas de perdices y muchos periquitos.

He visto una grulla del paraíso.

Lunes, 4 de diciembre de 1820

Terrible noche ventosa. Los hombres han tenido que mover los barcos, no he dormido, el golpeteo de los botes contra el banco de arena era muy fastidioso. Esta mañana el viento seguía soplando con fuerza, hemos ido a cazar hasta un pequeño lago. Allí he visto un chorlitejo patinegro, un martín pescador, muchos gansos y patos, pero ningún cisne como nos habían llevado a creer los informes de un invasor. Hemos matado tres gansos, tres cercetas americanas y hemos visto algunos pavos. Este lago, que se encuentra a unas dos millas del río, contiene algunos de los moluscos más grandes que he visto nunca y gran cantidad de hierba doncella que parece pertenecer a alguna especie concreta; he guardado unas cuantas en el bolsillo. Se agrupan en racimos redondos de unos veinte o treinta, pegados unos a otros. Dash se mueve muy bien en el agua. Cuando hemos vuelto a los botes, nos habían pasado nueve de los barcos que adelantamos hace unos días, por lo que nos hemos puesto en marcha enseguida. Solo hemos avanzado cuatro millas y hemos atracado en la costa de Tennessee.

Hoy he visto montones de reinitas gorjinaranjas, las primeras desde que estamos en el Misisipi. Varios buitres negros americanos, algunos chochines hiemales, varias águilas de cabeza blanca; es raro ver águilas reales; las primeras están ahora en época de apareamiento, todos los días las vemos persiguiendo a posibles parejas.

No pongo en duda que la migración de las reinitas gorjinaranjas es la última de todo su género.

Hace unos minutos he tenido que levantarme de repente porque un siluro se había enganchado en nuestro sedal. Durante unos instantes he tenido algunos problemas, pero después de ahogarlo he apoyado mi mano izquierda en las branquias y lo he trasladado en el esquife. Pesaba treinta kilos y parecía graso. Lo he matado clavándole un cuchillo en el centro de la cabeza, un método tan eficaz que en cuestión de segundos yacía inerte.

Me inclino a pensar que, teniendo en cuenta las diferencias en la forma, el tamaño, el color y los hábitos comparados con los del siluro que capturamos en el río Ohio, este pertenece a otra especie.

Martes, 5 de diciembre de 1820

Desollar el pez ha sido la primera tarea de la mañana. Para ello, en primer lugar he cortado la piel, que es muy dura, en tiras largas y estrechas que después he arrancado con unas tenazas fuertes. Durante el tiempo que ha durado este proceso he visto varios centenares de esas aves negras que aún me resultan desconocidas y a las que me refiero como pelícanos pardos; volaban hacia el sur formando un ángulo muy obtuso y sin hacer ruido. Confío, por tanto, en ver alguno en las aguas del río Rojo o en el Washita. También las grullas canadienses vuelan ahora y hemos visto más gansos de lo habitual. Joseph ha matado cinco cercetas americanas (estas vuelan río arriba).

Hemos visto tres cisnes. Cuando los gansos vuelan en orden de desplazamiento, los jóvenes o los más pequeños ocupan la parte central de las filas, el macho de mayor tamaño dirige la parte delantera y el ganso más viejo la trasera. Clima apacible pero frío. Seguro que las ranas que ayer silbaban tan alegremente hoy por la mañana estarán bien enterradas en el barro.

Hemos tomado costa con dificultad tras quedarnos encallados en el barro durante aproximadamente media hora, y nuestro comandante ha tenido una buena oportunidad para ejercitar su talento en el arte de soltar improperios, sobre todo cuando Anthony ha roto la punta de su remo. Esto ha ocurrido a unas treinta millas de nuestro punto de partida de la mañana, frente a donde comienzan las n.ᵒˢ 57 y 58. «Buen clima pero sin peces», dice el capitán Cummings.

Miércoles, 6 de diciembre de 1820

Ligera helada, nubarrones espesos y una luz verdosa que indica viento. Nuestros comandantes se muestran muy nerviosos por adelantar a la flota que navega por delante y ayer y hoy por la mañana se han esforzado más de lo normal, abandonando el puerto tan pronto como lo han permitido las primeras luces del día. ¡Cuán beneficioso sería tener una flota constantemente por delante!

He visto dos grullas siberianas de gran tamaño con las alas terminadas en puntas negras, demasiado huidizas para dispararlas desde lejos. Muchas cercetas americanas y tantos gansos como siempre.

Hemos pasado el río Saint Francis, cuya desembocadura parecía cerrada por un banco de barro. Sin embargo, la gente que vivía en el lugar donde se juntan esa corriente y el Misisipi nos ha asegurado que había mucha agua y que las embarcaciones de quilla navegan cuatrocientas millas río arriba. Numerosos asentamientos en las márgenes, el primero a unas quince millas. Estas mismas personas nos han contado que pocos días antes de nuestro paso avistaron muchos pelícanos. He visto algunas grullas del paraíso viejas en los árboles pero no he podido acercarme a menos de ciento cincuenta yardas. Un poco antes de pasar por ese lugar llamado Big Prairie he disparado a un pavo macho monstruoso, creo que el más grande que he visto en mi vida. Parecía bastante más voluminoso que el otro que pesé y que superaba los catorce kilos. Mi ansiedad por conseguirlo me ha hecho errar el tiro. Big Prairie es una plantación de dimensiones aceptables, ubicada en un lugar más alto de lo habitual en este río. A un cuarto de milla hacia el interior la tierra se eleva en suaves colinas y nos han informado de que es extremadamente rica. Allí vi mi primer elanio del Misisipi[28] en junio de 1819, durante el transcurso de mi ascenso en el barco de vapor *Paragon*. He comprado unos boniatos deliciosos a medio dólar la fanega. El colono me ha contado que hace algunas semanas los pelícanos eran tan numerosos que a menudo era posible ver centenares de ellos en un banco de arena algo más abajo. La gente está muy enferma. Hemos atracado en la costa de Tennessee, a unas

---

[28] El elanio del Misisipi estaba muy ocupado cazando lagartijas en la corteza de cipreses secos. Para ello se deslizaba maravillosamente bien por los árboles y se giraba de pronto hacia un lado, agarrando a la presa. Al no disponer de ceras ni de papel en ese momento, no dibujé ninguno y, decidido a no dibujar nunca más a partir de un espécimen disecado, tampoco llevaba pieles.

siete millas del Settlement of the Hills, la enorme flota aún nos lleva una ventaja de unas cuatro millas. Nuestros comodoros se han reunido y, como resultado de esta reunión, debemos partir una hora antes de la salida del sol para reducir la distancias con esos malditos canallas.

Jueves, 7 de diciembre de 1820

A las tres de la mañana he atrapado un buen siluro que pesaba trece kilos. Le he acuchillado tal como hice con el anterior, pero este ha tardado una hora en morirse. Al amanecer, el viento ha soplado con más fuerza, un par de chubascos leves han ofrecido un poco de calma y nos hemos puesto en marcha. El señor Aumack ha disparado a un águila de cabeza blanca, la ha traído a bordo aún con vida; el noble compañero ha lanzado una mirada de desprecio a sus enemigos. He atado un cordel[29] a una de sus patas y esto le ha hecho saltar por la borda. Me he llevado una gran sorpresa al ver lo bien que nadaba, usaba el ala con gran efecto y sin duda habría logrado alcanzar la orilla, que en aquel momento se encontraba a una distancia de unas doscientas yardas. Joseph ha ido tras ella en un esquife, el águila se ha defendido. Me he alegrado al descubrir que sus ojos se correspondían con los de mi dibujo. Este ejemplar era bastante más pequeño que el que dibujé. La hembra nos ha sobrevolado durante un rato gritando y exhibiendo el auténtico dolor de un fiel compañero. He preparado una cama para Dash, mi perra, a la espera de que en cualquier momento pueda liberarse de su carga.

Una hora después de haberla capturado, nuestra águila comía pescado. Colocábamos un trozo en un palo y se lo acercábamos a la boca. Sin embargo, mientras estaba afablemente inclinado hacia ella, ha lanzado una de sus garras y ha enganchado mi pulgar derecho, que ha quedado muy dolorido.

---

[29] Cable de remolque o cuerda.

He encontrado un nido de águila y he disparado a la hembra —que siempre es fácil de reconocer por su tamaño— mientras se afanaba en su construcción. El macho le ayudaba. He matado un ganso. Al llegar a la cabecera del banco de arena, cerca de la isla n.º 62, hemos sobrepasado a la flota, que había echado el ancla, pero han zarpado a toda prisa en cuanto nos han visto atravesar este lugar. Uno de los botes ha sufrido grandes daños tras ser atropellado por otro en el momento de tomar costa. Hemos recorrido veinticinco millas. Parece que esta noche va a haber tormenta. La corriente es demasiado fuerte en nuestro lugar de desembarco y no hemos podido colocar los sedales. Nuestros comodoros están eufóricos.

Viernes, 8 de diciembre de 1820

He dormido poco, pues no estaba satisfecho con nuestro amarre en mitad de una fuerte corriente. Cada vez que salía a cubierta, el águila me bufaba y se alborotaba igual que suelen hacer los búhos. Clima cálido, nublado, ventoso. Hemos salido tarde y no hemos avanzado más de tres millas y media a causa de la tormenta. Hemos atracado a los pies de lo que supongo que debe de ser la isla n.º 63, dejando a toda la flota muy por detrás de nosotros.

Cierta esperanza de llegar pronto al Fuerte de Arkansas.[30] Me dispongo a copiaros algunas de las cartas que guardo para ese lugar, en particular las de los generales Harrison y Lytle.

Cincinnati, a 7 de septiembre de 1820

Querido general:

El señor Audubon, que tendrá el honor de entregarle esta carta, está de viaje con fines científicos por los extensos bosques de

---

[30] El puesto de Arkansas, en el cruce de los ríos Blanco, Misisipi y Arkansas, al norte de la ciudad de Arkansas.

América occidental. Ruego me permita presentárselo y solicitar su ayuda y consentimiento en la realización de su muy loable proyecto.

La señora Harrison[31] se encuentra bien y desde que estuvo en mi casa mi hija Lucy y mi hijo Symmes se han casado, este último con una hija del general Pikes.

Su amigo,
W. H. Harrison
(gobernador J. Miller,[32]
Arkansas, este año)

Cincinnati (Ohio), a 9 de octubre de 1820
Muy señor mío:

Permítame presentarle a don John J. Audubon, que se encuentra de visita en el territorio de Arkansas y el noroeste como ornitólogo, dibujando los pájaros, aves, etc. para un proyecto que tiene entre manos. Cualquier ayuda que usted pudiera ofrecerle a fin de promocionar este objetivo será recibida con gratitud por parte de él y debidamente apreciada por

Su amigo y honrado servidor,
William Lytle

Cincinnati, a 10 de octubre de 1820
Reverendos caballeros:

Permítanme presentarles con un saludo afectuoso a don John J. Audubon, que se propone atravesar Luisiana con el objetivo de completar una colección de dibujos de las aves de Estados Unidos

---

[31] Anna Symmes, esposa de William Henry Harrison.
[32] James Miller, primer gobernador (1819-1824) del Territorio de Arkansas.

que pretende publicar en algún momento futuro. Ha estado involucrado en nuestro museo durante tres o cuatro meses, y sus ejecuciones hacen honor a su pincel.

Lamento oír que lo ha visitado la enfermedad, espero que pueda estar a salvo hasta el final de su viaje y prospere en la gran y gloriosa tarea que ha emprendido. Me complacería saber de usted con frecuencia.

Sigo siendo su sincero amigo y hermano a ojos del Señor.

Elijah Slack a
reverendos Veil y Chapman

Por aquel entonces, Elijah Slack era presidente de la Universidad de Cincinnati.

Además de estas recibí varias cartas del doctor Drake[33] dirigidas al reverendo Chapman, de la Misión Osage, del coronel Brearly (agente indio) y del gobernador Miller.

Os dejo aquí la copia de las cartas que recibí del honorable Henry Clay como respuesta a la enviada por mí desde Cincinnati, cuya copia está adjunta al comienzo de mi diario.

Señor:

He recibido su carta del día 12 de este mes y tengo el placer de remitirle la carta que entiendo que me solicita. Imagino que una de carácter general serviría para todos los propósitos de presentación especiales que no puedo ofrecer porque desconozco los

---

[33] Daniel Henry Drake (1785-1852), médico, editor, químico y comerciante de Cincinnati que en 1820 contrató a Audubon para disecar especímenes en el Western Museum de Cincinnati.

lugares concretos que pudiera visitar, e incluso de no ser así, tal vez no tuviera allí ningún conocido íntimo.

Antes de comprometerse a realizar grandes gastos en la preparación y publicación del previsto trabajo, ¿no sería conveniente asegurar el éxito de una empresa similar a la llevada a cabo por el señor Wilson?

Con todo respeto,
suyo,
H. Clay

Lexington, a 25 de agosto de 1820

He tenido la satisfacción de conocer personalmente al señor John J. Audubon y, por otros que lo han conocido durante más tiempo y mejor, he podido saber que su carácter y su conducta han sido en todo momento irreprochables. A punto como está de embarcarse en un viaje por el sudoeste de nuestro país con un loable propósito vinculado a su historia natural, tengo el inmenso placer de recomendarlo a las benévolas oficinas de los oficiales y agentes del Gobierno y demás ciudadanos que pudiera conocer, siendo un caballero de agradables y excelentes cualidades, muy capacitado, así lo estimo yo, para ejecutar el objetivo que ha asumido.

H. Clay

H. Clay era entonces el presidente de la Cámara de Representantes. Espero que esta carta me proporcione algunos beneficios.

El señor Aumack ha matado un ganso y Joseph un intrépido halcón, los cisnes son sumamente abundantes, les hemos disparado muchas balas sin ningún éxito.

A las tres de la tarde hemos ido a la deriva a lo largo de unas cuatro millas y hemos atracado a los pies de la isla n.º 64.

He comenzado una carta a mi amada Lucy con alguna esperanza, aunque no mucha, de alcanzar mañana el Fuerte de Arkansas. Las aves son tan tímidas que vuelan muy lejos y apenas las alcanzan nuestros mejores disparos.

Sábado, 9 de diciembre de 1820

No tengo nada que decir sobre este día. He dibujado un poco, he visto una zarzaparrilla con muchas semillas. He escrito a mi Lucy y he sobrevivido a base de boniatos. ¡Qué hoscas miradas lanza a los pobres la mala fortuna!

Confío en ver mañana el Fuerte de Arkansas y dejar el bote en el que ahora me hallo a poco que se dé lo que los kentuckianos llaman «la menor oportunidad». Las miradas y las acciones de nuestros comandantes son tan extrañas que me tienen harto.

De día el clima es bastante duro, despejado por la noche. Los botes de fondo plano nos han adelantado esta noche. En mi opinión, hemos hecho un mal amarre.

Domingo, 10 de diciembre de 1820

Nos hemos deslizado río abajo hasta la punta Caledonian o Petit Landing, unas cuatro millas por encima de la verdadera desembocadura del río Blanco.

Aquí se ha decidido que el señor Aumack vaya a pie hasta el antiguo Puesto de Arkansas. Joseph y yo, por supuesto, después de prepararnos y de realizar una serie de consultas relativas a la ruta, hemos decidido ir por el agua hasta la desembocadura y desde ahí continuar a pie el resto del trayecto. Anthony se ha unido a nosotros y hemos tomado el esquife de dos remos. Hemos salido a las diez con el corazón contento, una botellita de *whisky*, unas cuantas galletas y la determinación de llegar al Puesto esa misma noche.

En la entrada del río Blanco hemos descubierto que la corriente tenía un buen caudal y que fluía con fuerza; el agua era de un rojo arcilloso mate. Pronto nos hemos visto obligados a atracar para hacer un cordel natural con varias vides y tirar del esquife con él. La distancia hasta la confluencia es de siete millas, aunque nos han parecido por lo menos diez. Aquí nos hemos topado con dos canoas de indios de la Nación Osage. Amarramos el esquife en el lado opuesto del río Blanco, donde encontramos un hermoso arroyo claro oscurecido por las aguas de Arkansas que atraviesan la desembocadura. Caminamos por un estrecho sendero a menudo tan densamente cubierto por zarzaparrillas que nos veíamos forzados a dar marcha atrás para rodearlas. Hemos seguido este camino flanqueado por cipreses de los pantanos, rodeando estanques y cañas hasta que hemos llegado al primer asentamiento, propiedad de un francés llamado *monsieur* Duval, un tipo bondadoso que estaba a punto de acostarse y que sin falta nos ha ofrecido ayuda. Tras vestirse y calzarse nos ha guiado durante siete millas por el fango y el agua hasta el Puesto. A las nueve de la noche entrábamos en la única taberna del país, agotados, embarrados, mojados y hambrientos. Enseguida pedimos algo de cena y enseguida nos la sirvieron; la imagen de cuatro lobos desgarrando un viejo cadáver daría buena cuenta de nuestros modales al comer, a pesar de las furibundas miradas que nos dedicaban las damas del lugar.

En cualquier caso, la señora Montgomery me ha parecido una mujer hermosa de buenos modales, muy superior a las de su misma clase. Nuestro siguiente deseo era el de acostarnos y dormir, pues recorrer treinta y dos millas por semejante territorio puede considerarse una dosis diaria suficiente para cualquier caminante. Nos han conducido a un edificio grande que antes quizá fue testigo de los grandiosos Consejos de jefes españoles. Había tres camas ocupadas por cinco hombres, pero todo ha sido dispuesto en cuestión de segundos y, mientras nos sacábamos los pantalones, el señor Aumack y Anthony se han metido en una y Joseph y yo en otra. Por supuesto, como era necesario establecer cierta familiaridad con los extraños, a esto ha seguido una conversación que me ha adormecido, y nada salvo la falta de mantas me ha impedido un buen descanso, porque entre tirón y tirón no tardé en encontrar un espacio apoyado en unos cinco kilos de plumas de pavo salvaje para evitar que mis partes más blanditas estuvieran en contacto con los afilados bordes del somier casero.

Ha despuntado la mañana y, con ella, la alegría por doquier, los cardinálidos, los rascadores zarceros, los praderos orientales y muchas especies de gorriones han aclamado la llegada de un resplandeciente y apacible día de sol. Ya vestido y a punto de echar un vistazo a todo lo que ofrecía aquel lugar, he visto al señor Thomas, a quien conocía de antes, de mi estancia en el barco de vapor *Paragon*. Me ha presentado de forma general a la mezcolanza de personas que había por allí y a continuación me ha llevado hasta un barco de quilla para obtener la información que preciso sobre los territorios más al norte por los que serpentea esta noble corriente. Imaginaos la sorpresa que me he llevado al descubrir allí a un hombre que trece años atrás me entregó cartas de recomendación en Pittsburgh (Pensilvania) para presentarme ante los hombres de Kentucky. Era el señor Barbour,[34] el antiguo socio de Cromwell. Me saludó con gran cordialidad, me habló de la ausencia del gobernador y del agente indio y también me explicó que los misioneros osages habían remontado unas ciento cincuenta millas hasta un lugar llamado Rocky Point.

Más allá está Cadron,[35] donde esperan establecer una nueva ciudad, la sede del Gobierno.

Decepcionado hasta el extremo por no haber encontrado a quienes suponía que sin duda podrían proporcionarme la mejor

---

[34] Henry Barbour, un comerciante con bases establecidas en el Puesto de Arkansas, en Nueva Orleans y en el área de los Three Forks en el río Arkansas.

[35] Un asentamiento al sur de la desembocadura del arroyo Caldron Creek junto a la actual Conway (Arkansas).

información, he pedido al señor Thomas que entregue mis cartas al gobernador y le he rogado que redactara unas líneas a la atención del gobernador Robertson de Nueva Orleans. El señor Barbour me ha explicado que durante varios años ha recorrido unas novecientas sesenta millas hasta la Nación Osage y que en su última travesía coincidió con Nuttall[36] y lo acogió a bordo durante cuatro meses; que muchas especies de aves de aquel lugar eran desconocidas y que la navegación fue interesante y al mismo tiempo se volvió rentable gracias a las enormes ganancias derivadas del comercio con los indios, a quienes describía como afables y honrados en todos sus tratos; que se alegraría mucho de contar con mi compañía y la de mis compañeros; y que si no me marchaba con él en ese momento, confiaba en que nos reuniéramos cuando descendiera el río Arkansas en la primavera o el verano siguientes, pues cada viaje suponía seis meses de trabajo. El Puesto de Arkansas es ahora una aldea pobre y casi desierta, floreció en la época en la que permaneció en manos de españoles y franceses. Hace cien años se habría considerado un pueblo agradable. En los tiempos que corren, el semblante decrépito de los fatigados comerciantes indios y un puñado de familias americanas es lo único que le insufla vida; su situación natural es atractiva, en la orilla alta, el antiguo borde de una pradera, pero se volvió extremadamente insalubre a causa de la proximidad de numerosos lagos y pantanos desbordados.

Me aseguraron que en este lugar solo se habían sentido dos heladas aquella temporada y que la navegación no se había visto detenida en ningún momento por la presencia de hielo en el río. La localidad que ahora prospera en Point Rock[37] se ubica en un terreno elevado y saludable, en el centro de un rico tramo de bosques y praderas, y es probable que progrese. El río Arkansas fluye en una gruesa

---

[36] Thomas Nuttall (1786-1859) fue un botánico, pteridólogo, micólogo y zoólogo inglés, que vivió y trabajó en Norteamérica de 1808 a 1841. *(N. de la T.)*.

[37] Little Rock, que se convirtió en la capital del Territorio de Arkansas el 20 de noviembre de 1821.

corriente de arcilla roja y arena. Si no fuera por el color, su parecido con el Misisipi sería enorme.

Se cultiva algodón con cierta ventaja. El maíz crece bien, abundan la caza y los peces.

En este punto considero propicio contaros que una oportunidad de buena harina fresca, *whisky*, velas, queso, manzanas, cerveza negra, sidra, mantequilla, cebollas, lino crudo y mantas supone ventas ventajosas durante el invierno, acompañados de plomo en polvo, sílex, cuchillos de carnicero, rifles y capas azules para los indios.

Tras el desayuno dejamos el Puesto de Arkansas con el deseo de ver el territorio que hay corriente arriba, y es tan intenso mi entusiasmo de ensanchar el conocimiento ornitológico de mi país que siento como si deseara ser otra vez rico y de esa forma tener la capacidad de dejar a mi familia durante un par de años. Aquí he conocido a un caballero francés que hace pocas semanas mató un halcón de gran tamaño completamente blanco salvo por la cola, que era de color rojo brillante. Por desgracia, no encontré restos de la piel, de las patas ni del pico.

Viajamos rápido. Hemos alcanzado la desembocadura y hemos atracado el esquife después de matar cinco cuervos, de los cuales queríamos obtener sus plumas. Nunca había sido tan sencillo acercarse a estos pájaros ni, de hecho, a todas las aves que hemos visto. Dos halcones que nunca antes había visto se alzaban sobre nosotros. Los indios viajaban en sus canoas, los hemos saludado y les hemos ofrecido un trago de *whisky*. Como no podían hablar inglés ni francés, he dibujado un ciervo con un hazacho en los cuartos traseros y he resoplado para darles a entender que queríamos jamones de venado.

Han traído dos y les hemos dado cincuenta céntimos y un par de cargas de pólvora, les hemos sacado una sonrisa y nos hemos estrechado cordialmente las manos. Una india, una mujer muy hermosa, ha vadeado hasta nosotros, igual que los hombres, y ha bebido a voluntad. Siempre que estoy con indios siento la grandeza de nuestro creador en todo su esplendor, porque allí veo al hombre desnudo salido de su mano y, sin embargo, libre de dolores adquiridos.

En el río Blanco hemos visto gran cantidad de ánades reales y algunas grullas del paraíso. También dos grandes bandadas de estos zambullidores o pelícanos desconocidos.

Hemos llegado a nuestros botes sobre las seis de la tarde, fatigados pero satisfechos. Una buena cena, una feliz charla y rostros amables por todas partes. Todo el mundo se ha ido a la cama muy contento.

Antes de poner fin a la excursión al Puesto de Arkansas voy a contaros más cosas. Vimos un velocípedo: juzgad qué tan rápido han mejorado las artes y las ciencias en el sudoeste del país. También quería explicaros que la india que se acercó por el agua hasta nosotros en el río Blanco se arrancó una enorme garrapata del brazo.

Los intrépidos halcones son sumamente abundantes a lo largo de la orilla del Misisipi, donde se alimentan copiosamente de gorriones pantaneros, así como de estorninos, *Sturnus depradatorius*. Algunos tienen tanta fuerza que atacan a los patos al vuelo y a menudo los arrastran varios cientos de yardas hasta los bancos de arena.

Las águilas reales que eran tan abundantes en el Ohio han desaparecido por completo y lo único que se ve son águilas de cabeza blanca.

Los lagos que se encuentran en el interior contienen los mejores peces, como lucios, salmones, peces de roca, lubinas, percas, mientras que el fondo está cubierto con miles de conchas de mejillón y distintas clases de bígaros; estos últimos se abren paso cuando las crecidas de primavera son tan generalizadas. El fondo de estos lagos es firme y uniforme.

Martes, 12 de diciembre de 1820

El señor Shaw y Anthony han ido caminando al Puesto y nosotros hemos navegado río abajo hasta la desembocadura del río, donde hemos tomado costa. He tenido la fortuna de encontrar allí el *Maid of*

Orleans, a bordo del cual he depositado una carta para mi querida amiga y esposa y he dado la orden de que sea entregada en la oficina de correos de San Luis. Hoy he visto muchos cuervos, serretas grandes y gansos, algunas tadornas y una gran bandada de mis desconocidos zambullidores.

De vez en cuando se ven arrendajos azules, los fabulosos cucaracheros de Carolina son muy abundantes, pero han desaparecido los pinzones. El clima es tan cálido que las mariposas, los murciélagos, las abejas y muchos insectos revolotean a nuestro alrededor y en el Arkansas me aseguraron que solo han tenido dos leves heladas.

Se espera la llegada del señor Shaw para mañana por la noche y tal vez nos deje aquí para remontar este río, pues nos han informado de que el mercado de Orleans está muy decaído. He matado una gaviota exactamente igual a la que disparé en New Port (Kentucky), bastante más gruesa.

Los gansos salvajes a los que ahora disparamos tienen huevos hinchados que pueden llegar al tamaño de las balas del calibre n.º 3.

En la desembocadura del Arkansas, un jefe indio ha matado tres cisnes, uno de los cuales, según he podido saber, medía nueve pies de extremo a extremo. Estos indios se han marchado al aparecer nosotros. Me habría gustado poder ver semejante noble espécimen.

El halcón pálido que aquí puede observarse no es el aguilucho pálido de Wilson, tiene un color más claro y las puntas de las alas negras, igual que al final de la cola. Su vuelo se parece mucho al del atajacaminos común y captura pajarillos en la hierba sin detener su curso.

Miércoles, 13 de diciembre de 1820

Un día precioso. Hemos remontado el río Arkansas a pie en busca de un lago, pero las cañas eran tan densas que nos hemos dado por vencidos. Hemos matados dos gansos, el señor Aumack ha disparado a un halcón pálido pero no lo ha matado. He escrito al gobernador Miller una carta cuya reproducción adjunto aquí:

A su excelencia el gobernador Miller de Arkansas:

Señor, habiendo tenido el honor de recibir varias cartas de recomendación a su excelencia, del general Harrison, del general Lytle y de otros caballeros, sería un inmenso placer poder entrevistarme con usted. Alcancé el Puesto de Arkansas, pero mi interés se vio frustrado por su ausencia. Disponiendo de tan solo unos instantes para permanecer en el lugar, rogué al señor Thomas que le presentara las cartas de las que yo era portador, las cuales ni siquiera pude sellar.

Mi ardiente deseo de completar una colección de dibujos de las aves de nuestro país directamente de la naturaleza y todas a tamaño natural, comenzó hará unos quince años. Adquirir el conocimiento de sus hábitos y lugares de residencia mediante observaciones oculares o fiables de terceros, ha prendido en mí el deseo de viajar muy lejos, hasta la Nación Osage del Arkansas, así como a lo largo de todas nuestras fronteras.

Si así lo admitieran sus arduas ocupaciones, me consideraría inmensamente honrado y en gran deuda si recibiera de vuestra excelencia unas pocas líneas de información en cuanto al clima, la forma de viajar y qué estima necesario para lograr que un viaje así resultara fructífero a mis objetivos. También cualquier información personal acerca de los descubrimientos ornitológicos que hubiera realizado en esa parte de América. Tengo la intención de visitar el territorio alrededor de Nueva Orleans y de dirigirme al este, hasta los cayos de Florida. Después, ascender el río Rojo y llegar a Hot Springs. Desde ahí cruzar el Arkansas y bajar hasta su desembocadura de regreso a Cincinnati, donde actualmente reside mi familia. No obstante, mis planes son modificables en función de lo que aconsejen caballeros de más experiencia.

En caso de que su excelencia contemplara alguna expedición a lo largo de ese río, y de que me ofrecieran la posibilidad de unirme a ella, estaría impaciente por cumplir en todo momento cualquier deseo que mis humildes capacidades permitieran.

Confío en que no se tome a mal la libertad que me he tomado con esta carta.

Con el mayor respeto, su humilde servidor,
J. J. A.

P. D.: Si lo considera oportuno, ruego tenga a bien remitir esta carta al gobernador Robertson.

He visto varios buitres pavo.

Algunas serretas y grullas canadienses, ánades reales, cuervos, rascadores zarceros, chochines hiemales, praderos orientales, perdices, estorninos alirrojos y gran cantidad de gorriones pantaneros en la hierba del alto Misisipi, periquitos, reyezuelos sátrapas.

El señor Shaw y Anthony han regresado a las once sin haber efectuado negocio alguno. Volvieron en canoa, treinta millas río abajo por el Arkansas hasta la confluencia, unas seis millas para atravesarlo, siete millas descendiendo el río Blanco y quince por el Misisipi. Esto hace un total de cincuenta y ocho millas, cuando la distancia entre el Puesto de Arkansas y la desembocadura de ese río es de sesenta.

En torno a una milla por debajo de la desembocadura del Arkansas, en una densa parcela de cañas, viven dos mujeres; es todo lo que queda de un grupo de vagabundos errantes que hará cosa de dos años dejaron el Estado del Este para dirigirse a la tierra prometida. Estas dos infelices nunca se lavan o peinan y apenas se cubren con nada; sobreviven gracias a la escasa generosidad de sus vecinos. De vez en cuando efectúan algunas tareas de costura o lavado.

Jueves, 14 de diciembre de 1820

Después de largas consideraciones, nuestros caballeros han decidido no hacer nada y hemos soltado amarras sobre las diez de la mañana. Clima bastante cálido, frecuentes y distantes ráfagas de truenos que anunciaban cambios. No tardó en ponerse a llover, se ha levantado niebla y hemos vuelto a atracar hacia las dos de la tarde. Aquí he visto cinco carpinteros reales alimentándose con las bayas de algunas plantas trepadoras. Eran dóciles y emitían un toc, toc, toc, constante. He matado un cuervo que estaba posado en un trozo de madera flotante. Ha sido en este momento cuando he descubierto que un cuervo que mató el señor Shaw en el Arkansas era un cuervo pescador. Ha llovido toda la noche y el nivel del agua subía rápido.

Viernes, 15 de diciembre de 1820

Lluvia y frío. Hemos avanzado unas seis millas. A la una nos ha pasado el barco de vapor *James Ross*. Por la tarde la suerte me ha sonreído y he matado un hermoso aguilucho pálido que estaba devorando un gorrión pantanero que yo mismo le vi atrapar. Me he acercado a él antes de disparar pero me ha visto y se ha alejado unas cuantas yardas volando. Ha vuelto a posarse y ha comenzado a desgarrar a su presa hasta que le ha llegado la muerte. El halcón pálido que vimos ayer era completamente distinto en tamaño, color y vuelo, y puesto que se trata de un ejemplar anodino espero volver a encontrarme con él. He matado cinco cercetas y dos gansos. El agua hoy ha subido veinte pulgadas.

He visto aguiluchos pálidos volando río Ohio abajo, como si fuera septiembre, época en la que he visto varias veces bandadas de ellos desplazándose a gran altura rumbo al sudoeste. Ahora abundan en estas orillas, donde el gran número de gorriones pantaneros les proporciona grandes cantidades de rico alimento. El clima suave sin duda les asegura una buena residencia invernal.

El que he matado era un macho en buen estado que apenas pesaba trescientos cincuenta gramos. Longitud total: dieciocho pulgadas. Envergadura alar: tres pies y medio. El interior de la boca era negro.

Sábado, 16 de diciembre de 1820

El clima es muy similar. Esta mañana he oído que el Ohio ha crecido una barbaridad. He estado dibujando mi aguilucho, pero el día era tan oscuro y desagradable que no he podido terminarlo. Nos hemos detenido entre tres y cinco horas al comienzo de la curva del ciprés. Hemos avanzado poco.

Hoy hemos visto muchos gansos. Joseph ha matado un mosquero fibí cerca del barco. El pequeñín era muy enérgico y estaba en muy buen estado. Una hembra.

Al atardecer hemos visto un centenar de pelícanos en un banco de arena y, aunque no tenía ninguna esperanza de llegar hasta ellos, aun así hemos tomado el esquife. Cuando estábamos a unas doscientas yardas de distancia han echado a volar y les he disparado, sin efecto. Son los primeros que he visto en este viaje. Confío en poder dibujar alguno antes de llegar a Nueva Orleans.

Los gansos que generalmente matamos son muy mediocres y apenas resultan aptos para el consumo. El barco de vapor *Governor Shelby* nos ha adelantado muy cargado.

Mientras intentaba acercarme a los pelícanos, uno a uno han despertado de su letargo y han batido las alas como si trataran de volar en caso de necesidad. Cuanto más nos acercábamos, más rápidamente se arremolinaban y se marchaban hasta que todos han acabado alzando el vuelo en completo silencio.

Domingo, 17 de diciembre de 1820

Ha llovido todo el día, he terminado mi dibujo. Hemos atracado en Pointe Chico,[38] varias millas antes de llegar empieza a verse la barba española.[39] Pointe Chico es un bonito lugar en el río que nunca se anega y que responde bien al crecimiento del algodón, maíz, etc. Los melocotoneros y manzanos florecen bien aquí, a diferencia del azúcar.

Un hombre muy amable me ha asegurado que en invierno abundan los aguiluchos pálidos, no así en verano, y que en esta estación los pelícanos desaparecen. Se trasladan al sur y regresan con crías en abril. También hay muchos estorninos alirrojos y azulejos. Estos últimos me agradan sobremanera, sus dulces notas son siempre bienvenidas a mis oídos.

El río crece muy deprisa.

Anoche, el señor Aumack, que estaba bastante alegre, con la excusa de tomar un poco de aire salió a cazar un pelícano a las diez de la noche, pero volvió sin haber disparado a nada.

He visto chochines hiemales y una planta preciosa en plena floración. Los carpinteros reales son cada vez más abundantes.

Lunes, 18 de diciembre de 1820

Ha llovido todo el día, hemos navegado muy pocas millas. Hemos tomado costa en un lugar donde abundaban los gansos y los patos. He matado un cuervo, un búho real americano y un busardo hombrorrojo.

---

[38] Point Chicot, frente al actual Greenville (Misisipi).
[39] Musgo español.

Martes, 19 de diciembre de 1820

Lluvia y niebla todo el día. Hemos atracado a menos de siete millas del lugar donde pasamos la noche. He matado un zopilote negro, un chochín común y dieciséis periquitos. Por un instante he oído y visto un tordo que me resultaba desconocido, pero no he podido dispararle. Bandadas inmensas de periquitos y mirlos pantaneros. El zopilote negro no dejaba que nos acercásemos a menos de cien yardas y me ha obligado a desenfundar y disparar una bala, lo que ha provocado que se precipitara sin vida.

Esta mañana he disparado a un pájaro que no conocía y que tampoco era nada del otro mundo. Pertenecía al género de los gorriones.

He visto varios tordos, muy tímidos, cantaban dulcemente sin descanso y los he tomado por reinitas horneras, *Turdus auracapillus*; también un cuitlacoche rojizo, *Turdus rufus*. Hay árboles por todas partes, entre las gruesas cañas, llenos de hojas. Cuando llueve el clima recuerda en gran medida al que hace en mayo.

Miércoles, 20 de diciembre de 1820

El clima es tan desagradable como uno podría desear. La lluvia y la niebla impedían ver a cincuenta yardas. He pasado todo el día dibujando. Por la mañana el chochín común, *Troglodytes hiemalis*, y después el zopilote negro, *Vultur atratus*. A las doce se ha despejado brevemente y hemos navegado cerca de cuatro millas para atracar al otro lado del río. El capitán Cummings disparó a un carpintero real, *Picus principallis*, le rompió el ala pero cuando fue a atraparlo dio un salto, se puso a seguro en un árbol y, tan rápido como una ardilla, trepó hasta lo más alto. Lo dio por perdido, pues no le quedaban demasiadas cargas. En esas llegó Joseph, lo vio, le disparó y cayó a tierra.

Esta noche hemos hervido diez periquitos para Dash, que ha tenido diez cachorros, a fin de probar el efecto venenoso de sus corazones en los animales. Ayer nos explicaron que el pasado verano siete gatos habían muerto después de que los alimentaran con el mismo número de periquitos.

Hemos matado dos gansos.

Por la noche varios barcos han atracado junto a nosotros.

Jueves, 21 de diciembre de 1820

Por fin hemos disfrutado de buen clima, hemos navegado alrededor de treinta y cinco millas, llegando hasta la parte superior de la isla Stack, que ya no es más que una barra porque la acción de los terremotos ha hundido el resto. He dibujado casi todo el día y he terminado el zopilote negro. Su hedor era tan insoportable y su aspecto tan horroroso que me he puesto muy contento cuando por fin he podido tirarlo por la borda.

Por la tarde he visto un busardo calzado, abrí fuego sobre una bandada de pelícanos a unas doscientas yardas de distancia, que es todo cuanto pude acercarme. Sin efecto. El banco de arena donde se encontraban estaba literalmente cubierto de excrementos y plumas.

Hemos visto muchos gansos a lo largo de todo el día. Esta es su época de apareamiento. El musgo español cubre buena parte de los cipreses. Grandes bandadas de cercetas americanas y el trino constante de los carpinteros reales a nuestro alrededor. Apenas hay otras aves, salvo el picamaderos norteamericano o pito crestado y el carpintero de pechera común; llevo tiempo sin ver un solo pájaro carpintero cabecirrojo. Los cucaracheros de Carolina y los cardinálidos ejercitan sus cuerdas vocales a todas horas.

Hemos recibido la visita de dos leñadores de la orilla. Me han asegurado que en este lugar pueden verse pelícanos en todas las estaciones, menos cuando hace mal tiempo, entonces permanecen en los lagos en grandes bandadas, junto a los gansos, cisnes, patos y grullas. Allí encuentran abundante alimento. Hablaban de un busardo calzado que vive a base de pescado, pero no he podido hacer demasiadas averiguaciones respecto al tamaño o a cualquier otro asunto relacionado con él.

Nos han contado que hace algunas semanas un chico de unos doce años se encontró cara a cara con un tigre marrón o puma, que aquí llaman pintor, y fue tal el susto que se llevó que murió en cuanto llegó a casa de sus padres. Estos animales escasean, pero abundan los ciervos, los osos y los lobos. Al advertir mis ansias por saber si esta temporada han podido verse caimanes, contestaron en afirmativo: se los podía ver a diario, algunos incluso en estanques pequeños que eran demasiado poco profundos para cubrirles el lomo, donde cazan peces agujas y se hinchan a ranas. Dentro de uno que habían matado encontraron gran cantidad de nueces negras y pacanas. Aquí los matan para quedarse con su piel, que bien curtida proporciona un cuero fino que preserva las láminas de las escamas. Uno de los hombres dijo que les guardaba rencor por haber matado a un excelente perro de caza mientras cruzaba un lago persiguiendo a un ciervo herido; ahora tomaba represalias sobre el conjunto de toda la especie siempre que se le presentaba la oportunidad. Un niño nos explicó que uno había cavado un hoyo de unos veinte pies de profundidad para guarecerse allí dentro en caso de mal tiempo. Lo apresaron hace unos días tras quedar atrapado durante un derrumbamiento de tierra provocado por los fuertes chubascos. Se los mata fácilmente con un garrote, es la manera normal de acabar con ellos. Se mueven despacio por la tierra y rápido por el agua. Todo esto no son más que rumores y lo pongo por escrito para poder compararlo con mis futuras observaciones.

Viernes, 22 de diciembre de 1820

Nos hemos puesto en marcha a las cinco de la mañana, y esto ciertamente merece una nota. Después de desayunar, Joseph y yo hemos subido al esquife, donde hemos permanecido casi hasta la noche.

Hemos visto tres gavilanes cangrejeros negros y les hemos disparado dos veces, pero son unas aves tan huidizas que solo me he atrevido a hacerlo con el rifle y he fallado. Hemos llamado a una casa para calentarnos los dedos porque por la mañana soplaba un viento muy fuerte. Allí vivía una hermosa familia de mocosos. Tanto ellos como su mamá tenían un aspecto limpio y saludable. Hemos visto plantas *Pameta* en las cercas.

Por la tarde ha brillado el sol, cálido, los gansos se contaban por millares en las ramas de los sauces, peleándose y apareándose: abundantes ánades reales, cercetas y patos joyuyos; he matado un ánade real y dos patos joyuyos. He visto un cisne, un busardo colirrojo, varios gavilanes, muchos herrerillos bicolores. Había reinitas gorjinaranjas por todas partes entre la densa maleza. Montones de buitres negros americanos y su pariente, el buitre.

Los mosqueros fibís estaban muy ocupados abalanzándose sobre los insectos y cantando alegremente. Hemos visto varios pigargos americanos a los que podría haber disparado.

Un poco antes de que se pusiera el sol nos ha adelantado un barco de vapor, el *Mars*, una máquina con un funcionamiento bastante deficiente. Al parecer era una antigua barcaza.

Nuestro comandante habló de cortar un poco de madera al mediodía, pero las hachas estaban desafiladas y no hemos levado anclas hasta las tres.

Sábado, 23 de diciembre de 1820

La luna brilla con radiante claridad, clima apacible. A las tres ha empezado a caer una densa helada que ha coloreado todo de blanco.

En cuanto ha desaparecido la niebla, Joseph y yo hemos partido hacia la desembocadura del río Yazú. Hemos visto gansos, nos hemos dirigido hacia ellos y hemos matado uno. En la desembocadura de este río advierto grandes bandadas de las desconocidas aves negras a las que llamo pelícanos pardos. Hemos tomado costa debajo de ellos y, tras arrastrarme sobre la barriga durante aproximadamente cuarenta y cinco yardas, he disparado a tres que estaban encaramados juntos sobre un tronco seco unos siete pies por encima del agua. Al dispararles han caído como si fueran piedras. He supuesto que estarían todos muertos y me he llevado una buena sorpresa al ver cómo se zambullían en el agua tanto ellos como otros veinte que buceaban. Enseguida alzaron el vuelo después de recorrer cincuenta yardas por el agua, salvo al que había apuntado con el arma, que no podía elevarse. Volvimos al esquife y remamos tras él, pero se ha puesto a bucear Yazú arriba durante casi una milla. No obstante, me sentía incapaz de renunciar a él. Conseguimos cansarlos, y cuanto más nos acercábamos, menos tiempo pasaba bajo el agua, hasta que finalmente Joseph le disparó en la cabeza, en el cuello —era lo único que quedaba a la vista, parecía una serpiente— y lo abatió. Lo apresé con enorme placer e impaciencia, pero no pude determinar a qué especie pertenecía al no poder denominarlo albatros, que es el único ave con el que le veo algún tipo de relación.

Nos hemos visto obligados a realizar grandes esfuerzos para alcanzar nuestros botes. Una vez conseguido esto, me he puesto a dibujar. Hoy hemos pasado por las Walnut Hills,[40] una hermosa ubicación en el Misisipi cubierta de plantaciones de algodón. También hemos pasado por el pueblito de Warren, comúnmente conocido como Warington.[41] Frente a este lugar (que no ha mejorado mucho desde la última vez que lo vi) encontramos el barco de vapor *St. Elba*.

El río Yazú fluye en una hermosa corriente de agua cristalina cubierta con miles de gansos y patos y llena de peces. En la boca del río hay sauces de poca altura y árboles del algodón. Hoy hemos recorrido cuarenta y nueve millas. Hace demasiado calor.

---

[40] El emplazamiento de la actual Vicksburg (Misisipi).
[41] Warrenton, actualmente forma parte de Vicksburg (Misisipi).

Hemos pasado el Petit Gulf temprano. El barco de vapor *Comet* nos ha alcanzado desde Louisville en nueve días.

He tenido la fortuna de ver al señor Aumack matar un halcón peregrino, el ave del que Alexander Wilson escuchó hablar tantas maravillas. En base a toda la información que he recopilado, este pájaro abunda en este río todos los años por esta época, aunque siempre se muestra extremadamente tímido y creo que pocos hombres pueden presumir de haber matado a muchos. En mis quince años de cazador es probable que haya visto un centenar, y nunca he tenido la satisfacción de abatir ninguno. A menudo los he visto después de oír el silbido que emiten —un sonido que recuerda al de una bola de cañón— cuando atraviesan el aire para cazar a su presa al vuelo, en particular en Henderson (Kentucky), donde pasé semanas observando un palomar que proporcionaba alimento y ejercicio a uno de esos audaces ladrones. Estoy convencido de que los nubarrones de patos de un sinfín de especies que se reúnen en este río lo convierten en un fructífero refugio invernal.

En las últimas semanas hemos visto cerca de cincuenta. Vuelan rápido, baten bruscamente las alas y apenas planean, excepto a la hora de posarse. El espécimen que tengo ante mí es viejo y hermoso. Al volar parecen negros y a menudo se comete el error de confundirlos con el busardo calzado. He matado tres gansos.

He visto un escolopácido, el primero desde que dejamos el Ohio. Supongo que, teniendo en cuenta lo crecido que está el río, no habrán tenido más remedio que marcharse.

El capitán Cummings ha visto cuatro ciervos por la noche. Ahora estamos atracados a unas quince millas de Natchez y, a menos que sople viento de cara, deberíamos llegar a esa ciudad mañana.

Espero que mi familia me desee tan buena Navidad como yo les deseo a ellos. Desearía haber podido pasar la velada con mi amada esposa e hijos. Mañana espero recibir noticias de ellos. Verdes sauces flanquean las riberas. El clima es muy parecido al que hace en Henderson en mayo.

Casi todos los días el termómetro oscila entre los quince y los dieciocho grados.

Martes, 26 de diciembre de 1820

Mañana preciosa. Ligera helada. He empezado mi dibujo en cuanto ha sido posible ver. He dibujado todo el día.

Hoy hemos visto millones de esos gansos salvajes de Irlanda o cormoranes volando hacia el sudoeste. Vuelan en fila durante varias horas a muchísima altura.

A las once y media los barcos han tomado costa en los acantilados de Natchez, entre otras cien embarcaciones. También había varios barcos de vapor. Lo primero que me ha llamado la atención han sido los buitres negros americanos, centenares de ellos volando bajo en todo momento, sobre la orilla, y posándose en las casas.

He recibido dos cartas de mi amada esposa, con fechas del 7 y 14 de noviembre. Esta última contenía una carta de mi hermano G. Loyen Dupuygaudeau fechada el 24 de julio de 1820.

He estado tan ocupado dibujando todo el día que ni siquiera he bajado a tierra firme. Un poco antes del atardecer he visto desde el tejado de nuestro bote las magnolias y los pinos que adornan las colinas de este lugar.

He escrito una larga carta a Lucy. Confío en llegar a tiempo al correo de mañana.

Nuestros comandantes y el señor Shaw han encontrado muy baratos todos los artículos y productos, tal vez demasiado para poder recuperar su dinero.

El estómago del halcón peregrino contenía huesos, plumas y la molleja de una cerceta, también han aparecido los ojos de un pez y muchas escamas. Era hembra. Numerosos huevos, cuatro de ellos del tamaño de un guisante.

A medida que nos acercábamos a Natchez me he fijado en varios lugares. He visto molinos colocados sobre zanjas abiertas desde el río que llegaban hasta los pantanos. En época de crecidas, esto permite el paso de una buena corriente. Estas zanjas sirven también para equipar a los molinos con maderas que llegan flotando desde el interior.

También hemos visto grandes balsas construidas con troncos largos que se dirigen al muelle del señor Livingston,[42] en Nueva Orleans. Un balsero nos ha asegurado haber recibido seis mil dólares por la última parcela de tierra que arrebató al Gobierno.

Miércoles, 27 de diciembre de 1820

Nada más terminar el dibujo, me he lavado y al fin he ido a conocer Natchez. Allí, para mi gran sorpresa, me he encontrado con Nicholas Berthoud, que me ha abordado y muy amablemente me ha pedido que continúe mi descenso a Nueva Orleans en su barco. He aceptado su ofrecimiento.

Desde el río frente a Natchez, este lugar ofrece un panorama de lo más romántico: la costa revestida de barcos de vapor seguida del pueblo en la parte baja, que consiste en almacenes, grog, chuletas, embarcaciones deterioradas aptas para el trabajo de las lavanderas y el camino de ronda elevándose a lo largo de las Caving Hills, con un desnivel de un cuarto de milla y una altura de unos doscientos pies. Las cabras pastan tranquilamente en las pendientes mientras que cientos de carretas, caballos y viajeros a pie tropiezan y se cruzan constantemente unos con otros, reducidos a miniaturas en la

---

[42] Edward Livingston (1764-1836), abogado de Nueva Orleans, fue secretario militar y asesor en materia legal de Andrew Jackson.

distancia. Todo esto proporciona al conjunto un carácter muy pintoresco. En lo alto, el viajero se asoma a la ciudad a medida que accede a las avenidas llenas de árboles plantados a intervalos regulares que conducen a las diferentes calles que discurren hacia el río formando una cuadrícula. En el lado izquierdo se encuentra el teatro, un edificio de mala calidad y una mansión nueva y elegante, propiedad del señor Postlewait, atrae las miradas nerviosas. A la derecha, las chimeneas prácticamente iguales de las casas más humildes obstruyen la perspectiva. Si seguimos avanzando llegaremos a la calle principal que, como gran parte de este lugar, es demasiado estrecha para resultar atractiva. El aspecto mísero e irregular de las casas la vuelven menos interesante. Algunas son de ladrillo y en esta época están repletas de fardos de algodón. El presidio y los tribunales son nuevos y no están nada mal. La parte baja del primero es una casa de huéspedes de cierto renombre. Hay dos iglesias de aspecto miserable; no me atrevo a afirmar que nadie ponga pie en ellas, pero lo pienso.

El Hotel Natchez es un caserón construido al estilo español, esto es, con grandes patios y muchas puertas y ventanas. El señor John Garnier lo dirige con buena mano y es el punto de encuentro para cualquier viajero o huésped que se precie. Varias tabernas de gran tamaño —que no visité— satisfacen ampliamente las necesidades de los forasteros que en todo momento acuden a este lugar desde los distintos rincones de la Unión. Actualmente Natchez cuenta con cerca de dos mil habitantes y casas, tiene un banco que proporciona buenos créditos, una estafeta postal que recibe diferentes tipos de correos tres veces por semana, una sala de lectura pública y dos imprentas.

El naturalista observará de inmediato las suaves temperaturas constantes al advertir que en esta época crecen lechugas, rábanos y otras verduras que en nuestras latitudes orientales son cosechadas en abril e incluso mayo.

Los residentes habituales aseguran que cuando se producen heladas el mosquero fibí y el sinsonte norteño permanecen poco tiempo. Asimismo, los innumerables buitres negros americanos boca abajo en las calles menos frecuentadas son una muestra de la insalubridad del ambiente. Estos ciertamente pueden ser considerados un mal necesario, porque ningún ave es al mismo tiempo tan desagradable y valiosa en este tipo de clima.

He visto al caballero con quien coincidía a lo largo de un buen trecho la primera vez que descendí el Misisipi, pero puesto que, o bien no me ha reconocido, o bien no ha querido hacerlo, no he entablado conversación con él.

Nos han hablado maravillas del campo de Natchez. Aquí se asentaron ricos plantadores que al recolectar grandes cantidades de algodón lo convirtieron en el principal artículo de exportación. El terreno al otro lado es extremadamente bajo y a menudo sufre profundas inundaciones. En época de crecidas, el correo viaja por el agua a través de los bosques durante casi cuarenta millas en dirección Natchitoches, en el río Rojo.

Los indios acuden todos los días con distintos tipos de caza por los que reciben altos precios. Los he visto vender pavos salvajes a un dólar cada uno, ánades reales a cincuenta centavos.

Aunque el clima es relativamente templado, los naranjos no soportan el invierno al aire libre. A veces la escarcha puede sentirse intensamente durante uno o dos días. Se vislumbran los restos de un antiguo fuerte español, en cuyo centro se encuentra el patíbulo, y la zanja sirve de camposanto para los esclavos. El cementerio se ubica en el límite de la ciudad. Hará unos dos años, gran parte de la colina cedió, se hundió algo así como ciento cincuenta pies y arrastró muchas casas al río. Esto se produjo a causa de los manantiales de arenas movedizas que fluyen bajo los estratos de arcilla y guijarros que componen el cerro.

La parte hundida se emplea ahora para almacenar animales muertos y en verano a menudo emite tales vapores que atraen a centenares, ¿qué digo?, a miles de buitres negros americanos. Un motor está a punto de entrar en funcionamiento con el objetivo de elevar el agua de uno de los manantiales, *écoulement* o desagües para abastecer a la ciudad. Esto es algo muy deseado por todos los habitantes. El agua traída desde el río se vende a cincuenta centavos el barril, aunque sale muy impura del meandro. He encontrado pocos hombres interesados en la ornitología, salvo aquellos que habían escuchado o a los que les gusta inventar maravillosas historias sobre diversas especies.

El señor Garnier, que es alguien en quien puedo confiar, me ha contado que una vez liberó a un sinsonte norteño que llevaba varios años enjaulado. Durante algunos años el pájaro lo visitó cada día en su casa, como si quisiera agradecerle su generosidad y las amables atenciones pasadas. El señor James Willkins, para quien Wilson había conseguido cartas de presentación, me aseguró que su trabajo estaba lejos de estar completo y que él mismo, mediante la mera observación fugaz, había descubierto nuevos especímenes pero que, siendo como era un hombre de negocios, nunca había tomado nota de ninguno.

Un pájaro muy parecido al colibrí hembra es visto a menudo —o eso dicen— en verano, succionando alimento entre las magnolias. Mide aproximadamente el doble que un chochín.

Los buitres negros americanos nunca se reproducen en las ciudades o cerca de ellas. Al desembarcar en este lugar no tenía ni un centavo, por lo que de inmediato empecé a buscar posibles encargos en el campo de los retratos para mantenernos a flote (los naturalistas, por desgracia, estamos obligados a comer y a vestirnos con algo). Alquilé la sala de un retratista que se hacía llamar Cook,[43] pero os aseguro que aquel sitio apenas era apto para un escorpión. Aun así, el caballerucho mostró cierta cortesía y me consiguió dos dibujos a cinco dólares cada uno, un exquisito manjar para nuestros estómagos vacíos.

Uno lo pagaron al instante. El otro, un excelente parecido del señor Mathewson, es probable que nunca sea abonado, porque este

---

[43] Probablemente George Cooke (1793-1849), retratista, pintor histórico y paisajista.

caballero se marchó esa misma noche y a nadie dejó orden de pagar. Me limito a escribir esto para ofreceros el mejor consejo que un padre puede dar a sus hijos: nunca vendáis o compréis nada sin pagar inmediatamente por ello. La constante adhesión a esta máxima os mantendrá siempre libres y alegres. El señor Cook quedó muy satisfecho con el dibujo y con la rapidez con la que lo había ejecutado y me transmitió sus deseos de viajar con nosotros en caso de que llegáramos a un conveniente acuerdo mutuo. Le pedí que me pagara un adelanto mensual de dos dólares al día y, además, una tercera parte de todos los gastos, además de proveerse él mismo de cualquier material que fuese necesario.

Habló de unirse a nosotros al cabo de un par de semanas. Tuve el presentimiento de que era muy poco probable que tal cosa ocurriera. Me sorprendió en gran medida lo incómodo que me sentí al sentarme a almorzar en el hotel; no había usado un tenedor ni apenas un plato desde que salí de Louisville, y, sin darme cuenta, varias veces me llevé la carne y las verduras a la boca con los dedos. A bordo, en los botes, apenas comemos unos con otros y es habitual que aquel que esté hambriento cocine. Cuando lo estimo necesario, desplumo y limpio un pato o una perdiz y lo arrojo a las brasas calientes. Pocos hombres han comido una cerceta con semejante aderezo con más apetito que yo.

Otros, cuando preparan beicon, cortan una loncha del trozo que cuelga en la chimenea y la mastican cruda acompañándose de una galleta dura. Semejante vida encierra el propósito de entrenar a los hombres de forma gradual en las dificultades: acostarse con la ropa mojada y llena de barro sobre una piel de búfalo extendida en un tablón, cazar en bosques cubiertos de árboles caídos, enredándote con cepas, zarzas, cañas, arbustos altos y a la vez hundiéndote a cada paso. Esto produce intensos sudores, un apetito voraz y la imaginación se mantiene libre de pensamientos mundanos. Yo mismo aconsejaría a muchos ciudadanos, sobre todo a los dandis de la zona oriental, que probaran el experimento, que dejaran a un lado las botas de tacón alto pero no así los corsés, pues sin duda podrían resultar útiles cada vez que falte el alimento: con ellos podrían oprimirse el estómago.

Jueves, 28 de diciembre de 1820

Calor sofocante, he visto algunos sinsontes norteños y me han asegurado que pasan aquí los inviernos. Nicholas me ha invitado a alojarme con él y he desayunado en el hotel del señor Garnier, que es un caballero francés de modales exquisitos que amablemente me ha facilitado la *Ornitología* de Wilson que es propiedad del señor James Wilkins, a quien Nicholas me ha presentado.

Viernes, 29 de diciembre de 1820

Esta mañana la temperatura ha experimentado un cambio notable. El termómetro ha bajado de veintidós a dos grados. Ha nevado y el viento del noroeste ha soplado con fuerza. Anoche los mosquitos resultaron muy molestos.

Hoy he pintado dos bocetos a cinco dólares cada uno. Tras muchas pesquisas para conseguir el noveno volumen de Wilson,[44] mi deseo de examinarlo se ha visto frustrado. Ninguno de los suscriptores lo había recibido.

---

[44] Wilson se propuso publicar una colección de ilustraciones de todas las aves de América del Norte, para lo cual viajó ampliamente, como Audubon, coleccionando y pintando aves. Para financiar los nueve volúmenes de *Ornitología americana* (1808-1814), Wilson iba asimismo a la caza de suscriptores. De las 268 especies de aves ilustradas en sus páginas, veintiséis no habían sido descritas anteriormente. Wilson murió el 23 de agosto de 1813, «de disentería, exceso de trabajo y pobreza crónica». Su muerte llegó antes de la finalización del noveno volumen de *Ornitología americana*. George Ord, amigo y mecenas de Wilson, se encargó de terminarlo y publicarlo *(N. de la T.)*.

Joseph y el capitán Cummings aún permanecen en el barco del señor Aumack. He tenido la satisfacción de hacerme con un tomo de las *Fábulas* de La Fontaine que incluye grabados. He escrito al señor Drake y al señor Robert Best.

Sábado, 30 de diciembre de 1820

Clima muy frío. El termómetro marca menos tres grados.

Hoy me he dedicado apuntar el nombre y las descripciones de las aves acuáticas de Wilson de modo que me permitan juzgar los nuevos especímenes que escapen a mi conocimiento.

El señor Aumack se ha marchado esta mañana en nuestro bote llevándose con él al capitán Cummings. Lamenté despedirme de tan grata compañía. He escrito a mi amada esposa.

Domingo, 31 de diciembre de 1820

Por la mañana temprano nos hemos preparado para partir. Hemos recogido nuestros enseres y los hemos llevado al barco de quilla. Sin embargo, el barco de vapor *Columbus* no ha saludado desde el embarcadero hasta la una de la tarde.

Nos dirigimos rápidamente a la popa con la ayuda de dos cuerdas y desde el momento en que alcanzó pleno rendimiento hemos avanzado a buen ritmo.

Por la tarde he dibujado. Llegados a este punto he de explicar una triste desgracia que ha tenido lugar esta mañana. Llevaba el portafolio más pequeño y otros enseres debajo del brazo, los he depositado en el suelo y he ordenado al sirviente del señor Berthoud que los subiera a bordo.

Por desgracia, regresé de nuevo a Natchez para tomar el desayuno, el sirviente olvidó mis papeles en la orilla y me he quedado sin papel de plata con el que proteger mis dibujos, he perdido algunos muy valiosos, así como el retrato de mi amada esposa. No debo escatimar en esfuerzos hasta que consiga recuperarlo, pero siento tal desgana solo de pensarlo que a punto he estado de caer enfermo.

He escrito al señor Garnier rogándole que ponga un anuncio y consiga a alguien que trate de encontrar mi portafolio, pero no tengo esperanzas de volver a ver algo que se ha perdido entre ciento cincuenta o ciento sesenta embarcaciones y casas atestadas de los personajes de más baja estofa. Sin duda, mis dibujos servirán para decorar sus salones o terminarán adornando los remos.

Hoy hemos pasado junto a una larga hilera de acantilados que eran un deleite para la vista.

Mi portafolio contenía quince dibujos, tres de los cuales eran anodinos y uno era de un pato muy curioso y raro al que había denominado cola de aleta. En caso de no recuperarlo, mi regreso a casa podría sufrir un considerable retraso.

Lunes, 1 de enero de 1821

Tal día como hoy hace veintiún años estaba en Rochefort, en Francia. Pasé la mayor parte de aquel día copiando cartas de mi padre al ministro de la Marina.

Lo que he visto y vivido desde entonces llenaría un gran volumen, que concluiría en este día, 1 de enero de 1821: «Viajo en un barco de quilla rumbo a Nueva Orleans, soy el hombre más pobre de cuantos hay a bordo». Lo que he visto y vivido me ha proporcionado unas experiencias muy preciadas, pero ayer olvidé que ningún sirviente podría hacer por mí lo que puedo hacer yo mismo. De haber actuado en consecuencia, mi portafolio estaría ahora a salvo en mi poder.

No estoy dispuesto a afligirme por un futuro ideal, y de momento prefiero evitar imaginar dónde estará mi pobre cuerpo dentro de doce meses.

A las doce de hoy el *Columbus* ha atracado en Bayou Sarah, un pueblecito en la desembocadura de esa ensenada. Había muchos botes de fondo plano, tres barcos de vapor y dos bergantines a la espera de algodón. El barco de vapor *Alabama* zarpó a nuestra llegada y media hora después el *Columbus* nos dejó a nuestra suerte para intentar alcanzar Baton Rouge por nuestros medios antes que él y una vez allí volver subir a bordo. Nos han prometido esperar tres horas.

El terreno es cada vez más plano. De vez en cuando se ven naranjos junto a las residencias de los plantadores ricos. El verdor que recorre la orilla es sumamente exuberante y agradable. A mediodía, el termómetro marcaba veinte grados a la sombra. Es un día muy hermoso. Albergaba la esperanza de ver algunos caimanes. Muchos gansos de Irlanda en los remolinos, ánades reales pero pocos gansos. A las seis y media de la tarde nos encontrábamos frente a Baton Rouge, pero el barco de vapor se había marchado y proseguimos nuestra marcha. Este lugar es un pueblo austero en el estado de Nueva Orleans. A cierta distancia elevada se divisaban los diques. He visto a un negro que pescaba de la siguiente forma: metía en el agua cada dos por tres una red de pesca manual en un punto donde la corriente fluye deprisa formando un remolino. Llevaba capturados varios siluros medianamente grandes.

Martes, 2 de enero de 1821

Hemos navegado toda la noche sin sufrir percances, desde Natchez el río es mucho más profundo y está libre de achiques y de enganches. Al amanecer nos encontrábamos unas cincuenta millas por debajo de Baton Rouge. Día nublado y fresco. Soplaba viento de cola.

Aumenta el número de plantaciones y la costa se parece mucho a la de los grandes ríos de Francia, salvo por la poca elevación. Los cabos son muy diferentes a los del río de arriba, el curso del agua puede seguirse desde muchos de ellos, mientras que desde el barco solo podemos ver las ventanas superiores, los tejados y las copas de los árboles que se elevan por encima de ellos.

Una oscura cortina de cipreses cubiertos de musgo es el telón de fondo de todo el paisaje. Hay botes de fondo plano amarrados en casi cada plantación, siendo este un sistema de transporte de la producción que permite obtener mayores beneficios. Viajeros a caballo o en carreta nos pasan al galope, como si su propia vida dependiera de la celeridad de sus movimientos. Desde Natchez he visto más cuervos americanos que en toda mi vida, las orillas y los árboles están plagados de ellos. Sin embargo, se ven muy pocos cuervos pescadores. He visto algunos pelícanos, muchas gaviotas, busardos y buitres negros americanos.

La vida en este barco es muy cómoda. Tenemos un criado que atiende nuestras necesidades, nos sirven comidas regulares, limpias y en plato. Avanzamos mucho más rápido que con los *monsieurs* Aumack y Lovelace porque aquí contamos con ocho remadores que no osan contradecir órdenes.

Ha llovido y el viento de cola ha soplado con fuerza. Hemos llegado una milla por debajo de Bayou Lafourche. El mal tiempo no nos ha impedido a Joseph y a mí salir a dar un paseo hasta el pantano que hay detrás de la plantación frente a la cual el barco estaba amarrado. Después de perseguir durante un buen rato el canto de lo que he supuesto que era un nuevo pájaro, he descubierto a mi lado al embustero sinsonte norteño y me he deleitado con el plumaje ordinario pero precioso del rascador zarcero; Joseph ha tenido más suerte y ha matado dos reinitas, varios tordos y al mismo tiempo ha visto ríos y lagos cubiertos con toda clase de aves acuáticas.

Los mosqueros fibís son muy alegres. Hoy he visto tres pájaros gato grises. Si este no es el refugio invernal de todas nuestras aves de verano, es en todo caso el de muchas de ellas. Qué feliz me haría descubrirme en algún momento futuro durante este mes de enero rodeado de las distintas especies de golondrinas saltando en derredor, junto al chotacabras cuerporruín y al atajacaminos común.

He hecho un retrato del señor Dickerson, el capitán del barco. Me ha pagado en oro. He trazado los contornos de ambas reinitas a la luz de la vela para disponer de tiempo mañana y poder acabar las dos.

Miércoles, 3 de enero de 1821

Lluvia y vientos fuertes toda la noche. Clima considerablemente más frío, muy parecido al abril en Henderson. He dado un paseo matutino a la espera de que la luz me permitiera trabajar. Hemos pasado junto a una gran plantación de algodón aún sin cosechar. Parecía como si hubiera caído una intensa nevada y se hubiera congelado en cada brote.

La intensa regularidad con la que se siembra y recoge llama de inmediato la atención. El algodón está colocado en filas que, según tengo entendido, discurren siempre perpendiculares al río, a unos seis pies de distancia entre una y otra y tan rectas que la vista alcanza hasta el extremo más alejado del campo sin hallar la menor obstrucción. Incluso en esta época en la que el algodón lleva muchas semanas sin ser atendido, está en gran medida libre de maleza.

Los bosques de esta zona presentan un aspecto nuevo y sumamente romántico. La planta denominada matacandil crece por todas partes, el musgo en los árboles oscurece el sotobosque y ofrece resguardo a la mente melancólica, solo interrumpido por el piar de centenares de habitantes bellamente emplumados.

Las bandadas de aves negras formando un solo cuerpo acarician el aire mientras vuelan hacia el sudoeste. Forman una línea desordenada, como un ejército en desbandada cuyos soldados estuvieran impacientes por alcanzar el lugar de destino y se apresuraran a adelantar al compañero que les precede.

Abundan las palomas. El picogrueso pechirrosa es muy numeroso y todas las especies de golondrinas que habitan tierra adentro están aquí presentes. He observado a muchísimos bisbitas norteamericanos muy atareados obteniendo alimento de la madera flotante que colma muchos remolinos.

He dibujado las dos aves, la primera colocada sobre una planta en flor que previamente había arrancado junto al barco. He visto unos cincuenta sinsontes norteños, algunos de ellos extremadamente simpáticos, con la cola inclinada hacia atrás casi por encima de sus cabezas. Hemos recibido la visita de varios criollos franceses: son una raza que no habla correctamente ni francés, ni inglés ni español, sino una jerga compuesta a partir de las impurezas de estas tres lenguas.

Han contemplado con gran atención mis dibujos y, tras recobrar algo de compostura, se han girado hacia mí y me han dedicado enormes cumplidos. Cuando les he preguntado por los nombres de una decena de aves diferentes que había dispuestas sobre la mesa, de inmediato y sin vacilar han metido a todas en un único saco de «aves amarillas». Uno de ellos, un hombre joven, me ha explicado que podían conseguir tres o cuatro decenas de ellas todas las noches cazando entre los naranjos con la ayuda de un farol, que podían «ver el vientre blanco de los granujas» y derribarlos con un palo muy práctico. Pocos de estos sencillos campesinos podrían ofrecer un relato valioso del campo.

Por la noche, los sapos saltaban y al rodear un árbol seco hemos encontrado varias lagartijas que correteaban nerviosas. Al caer el sol, ha amainado el viento. Todos, el capitán, los marineros y los pasajeros, estamos deseosos de llegar a Nueva Orleans. Se decidió que después de una buena cena se daría uso a los remos hasta el amanecer del día siguiente. Si esto se cumple, podremos ver la ciudad a primera hora.

A última hora de la tarde he disparado a un cernícalo americano, que al resultar gravemente herido ha planeado directamente hacia un agujero (probablemente de algún pájaro carpintero) y sin duda allí habrá muerto. Momentos antes andaba fastidiando a un zopilote negro.

Joseph ha matado una cerceta, además de varios jilgueros y reinitas, también algún gorrión, pero nada nuevo.

Jueves, 4 de enero de 1821

A las cuatro de la mañana soplaba tal vendaval que nos hemos visto obligados a detenernos un poco por encima de la iglesia del Bonne Caré. Hacía mucho frío y en cuanto ha amanecido hemos caminado hasta el pantano.

He tomado por simples cucos de gran tamaño unos pájaros que nos sobrevolaban. Su canto era nuevo para mis oídos. Muchas reinitas, zorzales robín, azulejos, cardinálidos, zanates comunes, gorriones, jilgueros, palomas, carpinteros escapularios, un carpintero cabecirrojo, muchos cucaracheros de Carolina y chochines hiemales. Cernícalos americanos y uno grande desconocido. De vuelta en el barco, nos hemos puesto en marcha con la esperanza de avanzar un buen trecho, pero ha sido necesario detenerse una milla por debajo de la iglesia. He ido a presentar mis respetos al párroco para hacer algunas averiguaciones relativas al señor Lecorgne, a George Croghan[45] y al terreno, pero solo he encontrado a un criollo alto, delgado y sucio que lo único que sabía hacer era rezar por la prosperidad de la iglesia de ladrillos que se hallaba en plena construcción. Desde este pensionario de fanáticos he encaminado mis pasos a la escuela. Allí he tenido el placer de encontrar a un caballero francés entrado en años, de buenos modales y bien instruido que estaba a cargo de una decena de alumnos de ambos sexos. Me informó de que George Croghan residía a unas tres millas, al otro lado del Misisipi, que nunca había oído el nombre de Lecorgne y que este territorio era un buen escenario para mis deseos. Nos ha acompañado hasta el barco, donde ha examinado atentamente mis dibujos y me ha explicado que, habiendo dejado Europa y el mundo del talento hacía tantos años, contemplar imágenes como esas era tremendamente gratificante. Hemos vuelto a cazar y hemos visto más de esos cucos, esta vez en el suelo, y al instante

---

[45] Soldado nacido en Kentucky (1791-1849) que destacó en Fort Stephenson durante la guerra de 1812. Hijo de William Croghan.

los he reconocido como algunos de los pájaros a los que había disparado en mi viaje anterior que había tomado por zanates marismeños. He matado tres, dos hembras y un macho, y he tenido la fortuna de observar de cerca sus costumbres. Su voz es fuerte y dulce y se mueven con una elegante ligereza. Un macho muy hermoso estaba muy ocupado transportando un poco de paja a un gran roble en buen estado, pero una y otra vez perdía de vista al animal entre el musgo español y no pude comprobar el aspecto del nido; como la estación acaba de comenzar, no podía dar por supuesto que lo hiciera con el objetivo de construir uno. Le he disparado, y Joseph ha matado otra hembra. Estas aves son mucho más asustadizas que cualquier otro zanate, vuelan muy libres cuando van en bandada y constantemente emiten un *¡chuc!* distinto al del zanate común, *Gracula quiscala*. Su vuelo se asemeja al de nuestros cucos y al del cuco europeo. En tierra caminan con elegancia y alzan sus colas cóncavas majestuosamente altas. Se alimentan más cerca unos de otros que los tordos pantaneros. Turton[46] habla de sus picos más bien tirando a cortos y les otorga una longitud total de trece pulgadas. Estas dimensiones sin duda fueron tomadas a partir de una hembra joven. El macho que en estos instantes tengo ante mí mide casi dieciséis pulgadas. Mi dibujo muestra un macho y una hembra, y mañana, cuando lo haya terminado, os haré una descripción del mismo. Los franceses de este lugar los llaman estorninos, pero su respuesta a cualquier posible pregunta relacionada con ellos o con cualquier otra ave es un constante «oh oui». El paisaje en esta zona está profusamente salpicado de bellas residencias, numerosas plantaciones de azúcar y algodón que se extienden hasta una milla y media hacia el pantano, libres de árboles viejos y tocones. Todas las casas están construidas a la española: con naranjos en los que en estos momentos cuelgan dorados frutos formando avenidas y límites.

---

[46] William Turton (1762-1835) fue un naturalista inglés. Tradujo en 1806 *Sistema natural, o los tres reinos de la naturaleza, según clases, órdenes, géneros y especies*, más conocido como *Systema naturæ*, de Linneo, publicada en 1735. *(N. de la T.)*.

Los campos están bien vallados y desecados por zanjas que discurren hacia los pantanos.

Los sinsontes norteños son tan afables que esta mañana fui tras uno a lo largo de la valla durante casi una milla. Lo único que nos separaba era un tablero. Todavía no he escuchado el canto de ninguno, pero saben imitar a muchos pájaros.

Sobre las cinco por fin nos hemos aventurado a navegar y el viento nuevamente nos ha conducido a la orilla. Ahora estamos atracados en un lugar donde nuestro barco se mece vivamente. La lluvia cae con fuerza. El termómetro marca once grados. Por la mañana, los caballeros franceses, envueltos en sus mantos, se cubrían hasta la nariz con los pañuelos. ¡Qué sería de ellos en las Montañas Rocosas en esta época del año! Nuestro capitán ha intercambiado algunas manzanas por naranjas, obteniendo un beneficio del dos por uno.

Viernes, 5 de enero de 1821

Ligera nevada por la mañana. He dedicado casi todo el día a dibujar, el viento soplaba con mucha fuerza. Poco después del desayuno he visto varias golondrinas de mar en un remolino río abajo y he matado dos al vuelo. Al caer la primera, la segunda se ha acercado como si quisiera ver qué había pasado, y la he matado de un disparo. Las dos que quedaban, y que se acercaban rápidamente bajando en círculos, han desaparecido de inmediato. Estas aves volaban livianas con el pico perpendicular al agua, la cual parecían mirar muy atentas. De tanto en tanto se dejaban caer sobre ella y recogían los trocitos de galletas que lanzábamos desde el barco. He terminado mi *Gracula barita* pero no el dibujo completo. El vaivén del barco resulta bastante desagradable. A la caída de la tarde he salido a dar un largo paseo, he visto muchas reinitas, en particular la reinita de antifaz, he disparado a un zorzalito colirrufo. Fui a visitar a un campesino, un francés criollo. Sus niños eran apuestos y todos me tenían miedo. La dama era indeciblemente hermosa. El pequeño jardín estaba adornado con unos cuantos naranjos. Buenas lechugas cubrían los bordes. Los guisantes casi habían germinado, las alcachofas me recordaron a otros tiempos felices en Francia. He comprado rábanos deliciosos y, claro está, me he interesado por las aves. A una legua de distancia hay un buen lago que en esta época sirve de lugar de encuentro para patos, gansos, etc. Sin embargo, no pudieron ofrecerme comentarios valiosos. Una breve bajada de las temperaturas ha vuelto tan afables a los sinsontes norteños que apenas se apartaban del camino.

Por la noche he esbozado el contorno de la golondrina de mar a la que había disparado y he estudiado de arriba abajo el Turton para nada. No obstante, no voy a considerarla una nueva especie hasta que no eche un vistazo al noveno volumen de Wilson. El *Gracula* macho que he dibujado tenía una envergadura alar de veintidós pulgadas, lengua bífida, y hoy he descubierto que llevaba paja hasta la copa de los árboles para picotear el arroz que contenía en la punta. Hoy los he visto a miles. Los corrales les gustan especialmente, se posan junto a ellos y cazan en el estiércol fresco a la manera del estornino europeo.

Sábado, 6 de enero de 1821

Al alba, el termómetro ha descendido hasta un grado bajo cero. Se ha formado algo de hielo en el costado. Después de llevar experimentando un clima tan cálido desde que alcanzamos la latitud 33, ha resultado muy incómodo, y nuestra pequeña estufa ofrecía buena compañía. Soplaba un viento fuerte pero a favor. He dibujado sin prisa la golondrina de mar que maté ayer. Joseph ha hecho su primer ensayo del natural con la hembra. He quedado muy satisfecho con su tentativa. El viento arreciaba a las ocho. Nos hemos marchado y hemos remado durante doce millas con serias dificultades. No esperaba que nuestro comandante zarpara del puerto con unas perspectivas tan sombrías, incluso ha tomado costa frente a la plantación de azúcar de *monsieur* St. Armand.

Hemos bajado a tierra armados sin perder ni un segundo. Hemos renunciado a llegar hasta los pantanos que quedaban unas tres millas detrás por miedo a que nuestro barco partiera hallándonos tan lejos. Aquí hemos encontrado la mejor plantación que hemos visto hasta la fecha. *Monsieur* St. Armand es dueño de setenta negros y obtiene unos cuatrocientos toneles de azúcar, además de uvas pasas, maíz, heno, arroz, etc. Este caballero, joven al parecer, se hallaba disparando a estorninos alirrojos al vuelo por pura diversión con un arma de doble cañón profusamente decorada a la que daba un uso excelente. Los esclavos se afanaban en cortar la caña de azúcar. Para ello emplean cuchillos grandes y pesados como los que usan los carniceros para trocear. Unos cortan la cabeza de las plantas y otros la propia caña, atando esta última en pequeños fardos por la parte superior. Cuatro bueyes arrastran carros con ruedas, todas de madera, y los trasladan a la casa, donde se procede a machacarlas, prensarlas, hervirlas y convertirlas en azúcar. Los míseros trabajadores nos han suplicado por el busardo hombrorrojo que habíamos matado; para ellos era un manjar delicioso. El capataz, un negro bien parecido, nos ha contado que lleva ocho años desempeñando aquel puesto y que en esos momentos era tal la confianza que su amo depositaba en él que estaba al cuidado de toda la plantación. Se dirigía con mano dura a sus subordinados, pero al mismo tiempo era indulgente y sin duda se esfuerza todo lo posible por mantener a todos contentos, tanto al amo como a los demás.

A principios de verano, estas inmensas plantaciones de azúcar parecen praderas, porque apenas se ven árboles, en particular aquí, donde un terreno despejado delimita el horizonte.

Hemos visto ganado, caballos y ovejas, aunque todos los animales eran flacos y débiles. Estas últimas tienen poca lana, y solo en los cuartos traseros. Los carneros tienen una barba larga y peluda, como la de las cabras.

Los jardines eran preciosos, las rosas en flor reviven el ánimo del viajero que lleva ochenta días encerrado en el interior lleno de humo de un bote de fondo plano. El viento se ha calmado por completo al atardecer. El disco lunar auguraba una buena noche y hemos dejado nuestro puesto para descender a pocas millas de la ciudad. El día de mañana tal vez nos lleve hasta allí; sin embargo, este mundo es tan incierto que no debería sorprenderme si jamás fuera capaz de alcanzar ese lugar. Cuanto más me alejo, más intensa es la presión mental y la ansiedad por ver a mi familia. Lo único que mantiene mi espíritu al mismo nivel es el inagotable deseo de completar mi trabajo.

He visto algunos cuervos pescadores, un aguilucho pálido, uno de los barqueros ha matado un cárabo norteamericano. Este y el busardo hombrorrojo muestran un color mucho más claro del habitual.

Varios barcos de vapor han pasado a nuestro lado, tanto río arriba como río abajo.

Longitud de la golondrina de mar: trece pulgadas hasta el final de la cola.

Con las alas extendidas: dos pulgadas más.

Cola de doce plumas.

Lengua más larga y fina, bífida.

Boca de color naranja.

Envergadura alar: dos pies y 7,25 pulgadas.

Ojos marrón oscuro.

Patas y pies rojo anaranjado.

Domingo, 7 de enero de 1821

Finalmente en Nueva Orleans. Hemos llegado sobre las ocho de la mañana. Cientos de cuervos pescadores revoloteaban junto al barco y se lanzaban al agua como gaviotas en busca de alimento. Al hacerlo emitían un grito muy parecido al que hacen las crías del cuervo americano cuando abandonan por primera vez el nido. He visto al señor Prentice, que me ha dirigido a casa de los *monsieurs* Gordon y Grant, tras asegurarme que allí se encontraba el señor Berthoud. En efecto, allí estaba, y me han presentado al señor Gordon, con quien es probable que en lo sucesivo tenga oportunidad de hablar con frecuencia, y al cónsul británico, el señor Davison. He sabido que mi familia se encuentra bien y he leído una nota de mi esposa dirigida a N. Berthoud acompañada del regalo de unos guantes que le había cosido.

Al salir me he topado con el coronel George Croghan, un antiguo conocido. He visto a muchos miembros de la aristocracia de Louisville; sin embargo, mencionar sus nombres resulta demasiado tedioso.

He llegado a casa del señor Arnauld, un viejo conocido del padre de N. Berthoud. Nos han invitado a almorzar y, a pesar de que nos habíamos comprometido previamente con el señor Gordon, hemos decidido quedarnos. Ha sido un buen almuerzo, júbilo a raudales, lo que yo denomino «alegría francesa», que me ha hecho sentir verdadero asco. Sentía como si estuviera en un manicomio, todos hablaban a voz en grito al mismo tiempo y se limitaban a contar chistes burdos. Sin embargo, todo el mundo parecía feliz, bien dispuesto, unos perfectos caballeros que se han mostrado muy amables con nosotros. Un mono divirtió mucho a los comensales con sus bromas y gamberradas. Antes habría podido ir al teatro, incluso habría estado impaciente por ello, pero ahora solo puedo participar de esto último, de modo que, tras hacer una breve visita al señor Gordon, me he retirado al barco de quilla. El vino me ha dado dolor de cabeza y he lamentado mucho no poder recibir cartas en la estafeta hasta probablemente el lunes, porque mañana se celebra una importante fiesta francesa, el aniversario de la memorable batalla de Orleans.

Joseph ha visitado la ciudad y no parece que le haya gustado mucho.

En casa del señor Arnauld he visto dos tórtolas que llevan dos años enjauladas. Pusieron huevos la primavera pasada y los incubaron durante cuatro días, pero se rompieron accidentalmente.

Lunes, 8 de enero de 1821

Al amanecer hemos acudido al mercado después de enterarnos de que había llegado mucha y muy variada caza. Hemos visto un gran número de ánades reales, algunas cercetas, patos silbones americanos, gansos del Canadá, gansos blancos, serretas grandes, zorzales robín, azulejos, estorninos alirrojos, escolopácidos. Todos ellos se vendían a un precio muy elevado: 1,25 dólares por una pareja de patos y 1,50 por un ganso. Me he quedado muy sorprendido y desconcertado al encontrar un cárabo norteamericano limpio y a la venta por valor de veinticinco centavos. Buen pescado. Carne poco interesante. He encontrado verdura procedente tanto de este país como de las Antillas francesas. La de estas últimas está colocada en pequeños fardos en el suelo frente al propietario, que vende cada lote a un precio fijo. Fui al desfile militar y esto será algo que recordaré, igual que el día 8 de enero, toda mi vida. Me robaron el cuaderno del bolsillo, donde lo había guardado esta mañana con la intención de llevarle al gobernador las cartas que me habían remitido para presentarme ante él y el cuñado del señor Wheeler. Mencioné mi pérdida a N. Berthoud y me llamó novato. Según su opinión, estoy muy verde, pero no creo que mi tez sea más verdosa que la de algunos de mis conciudadanos.

No culpo a la fortuna como suele ser habitual en estos casos. Me lo trago todo sin molestar a nadie e intentaré volverme más sabio en la medida de lo posible. El truhán que me lo arrebató se habrá llevado un buen chasco y probablemente desearía que aún estuviera en mi poder. El desfile a lo sumo fue soportable. Pude ver al gobernador; sin duda era tal y como me lo esperaba. Debe de rondar los sesenta años. Un rostro francés con buen aspecto. Fuimos caminando hasta Bayou St. John simplemente para matar el rato, toda la ciudad estaba tomada por las celebraciones de aquel día. Joseph ha recibido carta de sus padres. Esta noche, uno de nuestros cuatro hombres, de nombre Smith, ha caído borracho por la borda y se habría ahogado si no hubiera intervenido la Providencia. Una mujer oyó un ruido y la yola del remolcador *United States* lo vio.

Martes, 9 de enero de 1821

He desayunado con J. B. Gilly. He recibido carta de mi esposa. Mi ánimo anda muy decaído. Clima nublado y sofocante. Ha empezado a llover. He ido a visitar a Jarvis, el retratista.[47] He visto a William Croghan. He escrito a mi esposa. Desearía haberme quedado en Natchez. Como no he encontrado trabajo, he permanecido a bordo del barco de quilla frente al mercado. No existe un lugar más sucio en todas las ciudades de los Estados Unidos. He escrito a John Garnier por el asunto de mi portafolio.

Miércoles, 10 de enero de 1821

Ha llovido con fuerza durante todo el día. He escrito a mi hermano G. L. Dupuygaudeau y a mi madre. El capitán Cummings llegó por la tarde y cenó con nosotros. Tiene mucho peor aspecto. Hace tan mal tiempo que no he podido hacer nada relacionado con la obtención de trabajo. Me asaltan poderosos sentimientos de regresar a Natchez. He visto al capitán Penniston, que me ha recibido muy cortés.

Jueves, 11 de enero de 1821

Todo el día he ido de un lado para otro tratando de conseguir algún trabajo. He mostrado mis dibujos al señor Gordon y al cónsul británico, el

---

[47] John Wesley Jarvis (1780-1840), retratista y pintor de miniaturas, grabador y escultor.

señor Davison. Han tenido buenas palabras de cara a la publicación; el primero ha hecho que aumenten mis expectativas respecto a su valor.

Destacado en el mercado: grullas del paraíso, muchísimas gallaretas, ánades friso, gansos blancos, chorlitejos colirrojos, una grulla siberiana o garza y una grulla canadiense.

He estado un rato con el señor Prentice, que me ha entregado una carta para el doctor Hunter,[48] a quien deseaba ver para conseguir la información que tanto necesito sobre el río Rojo, el Washita, etc. Joseph, mientras tanto, se dedica a hacer averiguaciones sobre el portafolio perdido en cada barco procedente de Natchez.

Sin trabajo aún. Llueve, hace calor, las ranas chillan.

Viernes, 12 de enero de 1821

Esta mañana temprano he conocido a un italiano que trabaja como pintor en el teatro. Lo conduje a las habitaciones del señor N. Berthoud y le mostré el dibujo del águila de cabeza blanca. Quedó muy satisfecho, me llevó a la sala del teatro donde él pinta y después al despacho del director, que sin andarse con rodeos me ha ofrecido cien dólares al mes para pintar junto al *monsieur* italiano.

En estos momentos me hallo convencido de la deficiencia de mis aptitudes o de las del país. He almorzado con el señor Gordon, la conversación ha girado en torno a las aves y al dibujo, me he visto obligado a enseñarlos una y otra vez cada vez que aparecían nuevos invitados.

Hoy he recibido una carta de mi amada esposa con fecha del 28 de noviembre de 1820. He depositado mi carta para el señor Garnier en el *Columbus*. Sigo sin trabajo.

---

[48] George Hunter (1755-c. 1823), boticario y mineralogista de Filadelfia que, junto con William Dunbar, de Natchez, fue designado por el presidente Jefferson en 1804 para explorar el río Rojo, uno de los límites del recién adquirido Territorio de Luisiana.

He visitado a *monsieur* Pamar[49] pero el actual Audubon es pobre, algo que él ha sabido en cuanto he hecho una reverencia. Por la noche he escrito a don Henry Clay pidiéndole una nueva carta de recomendación.

Clima cálido, lluvioso, neblinoso y, en general, desagradable. He visto una chocha perdiz en el mercado.

Sábado, 13 de enero de 1821

Me he levantado temprano. Me atormentaban multitud de pensamientos desagradables, de nuevo me hallo casi sin un centavo en una ciudad a reventar donde un hombre en mi situación no le quita el sueño a nadie. He ido caminando hasta la casa del retratista Jarvis y le he enseñado algunos de mis dibujos. Les ha echado un vistazo rápido sin pronunciar palabra. Luego se ha inclinado sobre ellos y los ha examinado minuciosamente pero no ha llegado a juzgar si eran buenos o malos, se ha limitado a decir que cuando él dibujaba, por ejemplo, un águila, hacía que se pareciera a un león y la cubría de pelo amarillo en lugar de plumas. Algunos necios que entraron en la sala quedaron tan complacidos al ver mi águila que la elogiaron y Jarvis soltó un silbido. Lo llevé a un lado mientras Joseph enrollaba nuestros papeles y le pregunté si necesitaba ayuda para terminar sus retratos, aunque no fuera más que los ropajes o el fondo. Se quedó mirándome, le repetí la pregunta y le aseguré que aceptaría hacer cualquier cosa y que había recibido buenas lecciones de buenos maestros. Entonces me pidió que volviera al día siguiente, que se lo pensaría.

Como no tenía nada mejor que hacer, he acompañado a N. B. por la calle principal. Hemos entrado en el almacén del señor Pamar

---

[49] Roman Pamar, propietario de un establecimiento de Nueva Orleans que vendía cristal, porcelana y cerámica.

y me he quedado de una pieza cuando me ha preguntado cuánto cobraba por retratar rostros: veinticinco dólares. Luego ha dicho que tenía tres hijas y que tal vez podría incluir a todas en el mismo lienzo. En ese caso, repuse, debo pedirle cien.

N. Berthoud me ha pedido que hiciera un boceto de la niñita que estaba allí. Me trajeron una hoja de papel y, con el lápiz afilado y sentado en una caja, me puse manos a la obra y terminé enseguida. El parecido era asombroso. El padre sonrió, los empleados me miraban atónitos y el sirviente fue enviado a mostrar el éxito (así lo llamaron) a la señora de la casa. *Monsieur* Pamar amablemente me ha pedido que trabajara lo mejor posible para él y ha dejado en mis manos el precio. Me habría gustado cobrar la mitad de la cantidad pactada ese mismo día, pero he sido informado de que la hija mayor aún tardaría varios días en estar preparada. Aun así, me ha dado esperanzas. He calculado que cien dólares supondrían un alivio para mi esposa e hijos, porque si consiguiera este encargo podría enviarle el dinero a ella y sin duda no tardaría en recibir nuevos encargos.

El resto del día lo he pasado de mejor humor. He dado un largo paseo con Joseph hasta el lago y he visto un caimán.

Por la noche he escrito al doctor Drake y he leído varias historias interesantes que me ha prestado el señor Prentice.

Domingo, 14 de enero de 1821

He enviado a Joseph y a Simon —el sirviente de N. B.— al otro lado del río a por un poco de madera fresca de roble para dibujar. Han vuelto con una inservible. Me he arreglado y he regresado a casa de Jarvis. Me ha llevado inmediatamente a su sala de dibujo y me ha hecho muchas preguntas hasta que he empezado a sospechar que mi ayuda le hacía sentirse amenazado. Simplemente me ha dicho que no creía que pudiera ayudarlo lo más mínimo, tras lo cual me he levantado, he hecho una reverencia y me he marchado sin pronunciar una sola palabra. Sin duda debió de quedárseme mirando como si yo fuera un hombre de lo más original y chiflado.

A primera hora el dique estaba abarrotado de todo tipo de gente y colores; el mercado, muy abundante; las campanas de la iglesia tañían; las bolas de billar golpeteaban unas contra otras; se oían disparos de armas por todas partes. ¡Menudo espectáculo para un serio cuáquero de Filadelfia o Cincinnati! Hacía un día precioso y el gentío era cada vez más numeroso. Sin embargo, no he visto una sola mujer hermosa, pues el tono amarillo verdoso de casi todas ellas es repugnante para cualquiera que aprecie el tono rosado de las mejillas de las yanquis o de las inglesas. Agarré mi arma, fui remando hasta la altura del remolino y maté un cuervo pescador. Los días de feria estos pájaros abundan en el río (en una jornada normal, los pantanos les ofrecen alimento suficiente: abundan los cangrejos, las ranas jóvenes, las serpientes de agua, etc.). Cuando cayó el que yo había matado aparecieron cientos de ellos volando hacia él, como si quisieran llevárselo, pero pronto advirtieron que les salía más a cuenta dejármelo a mí. Me acerqué y volví a cargar el rifle. Todos se elevaron en círculo, como los cuervos, a mucha altura, y a continuación volaron corriente abajo y desaparecieron de mi campo de visión sin dejar de lanzar gritos. Dejan las patas y los pies colgando como si estuvieran rotos.

Lo subí a bordo y me puse a trabajar de inmediato. Al atardecer di un paseo hasta la casa del señor Gordon y de ahí a la del señor Laville,[50] donde vimos a varias mujeres blancas de buen ver. De regreso al barco, una fiesta atrajo mi atención, pero como la entrada costaba un dólar me quedé escuchando el jaleo desde fuera y volví a casa, como nos gusta llamar al bote.

Lunes, 15 de enero de 1821

---

[50] J. F. Laville, un inspector de carne.

Martes, 16 de enero de 1821

Miércoles, 17 de enero de 1821

Jueves, 18 de enero de 1821

Encuentro que esta es una forma de agilizar el asunto, aunque en realidad todos estos días me han resultado tan largos y tediosos que no creo que sea mala idea. Me he dedicado a ir de un lado para otro en busca de faena, me he quedado tristemente decepcionado con el señor Pamar porque parece ser que su mujer prefiere una pintura al óleo.

Ayer realicé un retrato de mi viejo conocido John B. Gilly. Lo hice a propósito, para exhibirlo ante el público. Todo aquel que lo conoce bien afirma que es perfecto, y cuando esta mañana he ido a enseñárselo —pues lo hice en pocas horas— al señor Pamar, conseguí que me encargara el retrato de su hija mayor. Cuando recibamos el pago, ya nos habremos quedado sin blanca.

Hoy he recibido una carta de mi amada esposa que me ha hundido en la miseria. Estaba fechada en Cincinnati el 31 de diciembre de 1820. Le he contestado.

En el mercado he visto dos garzas y una especie nueva de escolopácido, pero no he podido dibujar ninguna porque estaban parcialmente desplumadas. Joseph pasó todo el día de ayer cazando, aunque no mató nada nuevo. He visto muchas reinitas.

Viernes, 19 de enero de 1821 – Retrato del cónsul británico – 25,00 dólares

Sábado, 20 de enero de 1821 – Retrato de Euphemie Pamar – 25,00 dólares

Domingo, 21 de enero de 1821 – Retrato de otra hermana – 25,00 dólares

Lunes, 22 de enero de 1821 – Retrato del señor Pamar – 25,00 dólares

Martes, 23 de enero de 1821 – Retrato de la hija pequeña – 25,00 dólares

Miércoles, 24 de enero de 1821 – Retrato del señor Forestall – 25,00 dólares

Jueves, 25 de enero de 1821 – Retrato del joven Lucin – 25,00 dólares

Viernes, 26 de enero de 1821 – Retrato de la señora Lucin – 20,00 dólares

Sábado, 27 de enero de 1821 – Retrato del señor Carabie – 25,00 dólares

Total – 220,00 dólares

Domingo, 28 de enero de 1821

He dibujado un pelícano pardo.

Fatigado, cansado físicamente pero con buen ánimo gracias a tener tanto que hacer, y a buen precio. Mi trabajo es muy admirado. Lo único que lamento es que el sol se ponga.

Lunes, 29 de enero de 1821

He estado dibujando el pelícano pardo todo el día. He cobrado mis honorarios. He comprado una caja de artículos de cerámica para mi amada esposa y le he escrito. También a William Bakewell y a Charley Briggs.[51] Junto a la carta y el paquete he enviado doscientos setenta dólares al cuidado del señor Buchannan de Louisville. La caja ha costado 36,33 dólares.

Martes, 30 de enero de 1821 – Retrato del señor Duchamp – 25,00 dólares

Miércoles, 31 de enero de 1821 – Nada. El señor M. Laville me ha decepcionado.

Jueves, 1 de febrero de 1821

He comenzado un retrato del señor Louallier[52] y he dibujado una gaviota cana.

Viernes, 2 de febrero de 1821

El señor Smith ha empezado a cazar para mí por veinticinco dólares al mes. Vino a verme el jueves por la mañana. La chica ha empezado a cocinar y a lavar para nosotros por diez dólares al mes.

---

[51] Charles Briggs, comerciante inglés que se había hecho amigo de Audubon en Henderson (Kentucky) y que más tarde se mudó a Nueva Orleans.

[52] Louis Louallier, antiguo miembro de la legislatura de Luisiana.

Sábado, 3 de febrero de 1821

He escrito a mi querida esposa.

Domingo, 4 de febrero de 1821

Decepcionado una vez más por *monsieur* Laville. He regresado al barco y he dibujado una becasina piquicorta. Joseph y el señor Smith han pasado todo el día cazando y han regresado con unos cuantos zorzales robín y mosqueros fibís, muchos gorriones pantaneros y chingolos sabaneros. Se quejan de las dificultades de cazar en los pantanos llenos de cipreses. En los puestos del mercado he visto muchos calamoncillos americanos, pero todos estaban en tan mal estado que era imposible dibujarlos. También me he fijado en varias polluelas soras.

Lunes, 5 de febrero de 1821

Me paso el día corriendo de un lado para otro en busca de nuevos trabajos y también tratando de hacer averiguaciones sobre la *Ornitología* de Wilson, aunque en vano. Se ha adjudicado gran valor a esta obra, sobre todo en los últimos tiempos, y es que se ha vuelto tan extremadamente difícil de conseguir que los pocos que la poseen no están dispuestos a prestarla. Clima excesivamente caluroso y húmedo, fuertes precipitaciones y truenos. Hoy he visto al señor Delaroderie en casa del señor Pamar, donde habitualmente desayuno y almuerzo.

Después de llevar dos días muy ocupado dibujando el pelícano pardo, no he tenido tiempo de hacer los memorandos que quería. Me lo entregó el señor Aumack, el ave fue abatida en un lago de los alrededores y no son frecuentes. Era un ejemplar macho; estado aceptable. Antes de ver mi dibujo, el señor Gordon creía que era un pelícano común procedente de alguna de las islas de las Antillas y ha quedado muy satisfecho al saber que se trataba de una especie distinta. Un respetable caballero escocés me ha asegurado que inmensas bandadas de estas aves pueden verse en la localidad de Buenos Aires. Aquí los cazadores los llaman *Grand Gosier* y aseguran que rara vez se ven más de dos juntos, solo durante períodos muy cortos cuando se producen fuertes vendavales marítimos.

Cada mañana, al amanecer, las gaviotas nos visitan junto con los cuervos pescadores, que son sus compañeros habituales. Llegan procedentes del lago Barataria, que es donde establecen sus nidos, según tengo entendido. Me quedé un poco sorprendido al encontrar distintos tipos de escarabajos en el estómago de algunas de las que matamos hace unos días. Joseph ha examinado el río y ha encontrado montones de escarabajos muertos flotando en la superficie. Los cuervos también se alimentan a espuertas de ellos. A veces, las gaviotas persiguen a los cuervos durante un buen trecho pero nunca los alcanzan porque los cuervos vuelan mucho más rápido. Es impresionante la cantidad de zorzales robín que se cazan en este lugar, el mercado está lleno de ellos y, aun así, se pagan a más de seis centavos cada uno. Hoy en día constituyen la caza principal. Se matan todo tipo de aves que después sirven de alimento. Nuestros hombres cocinaron las gaviotas y les han parecido excelentes.

He visto doce becasinas piquicortas semejantes a la que había dibujado, de tamaño y características muy parecidos, pero el estúpido que me vendió una no sabía nada sobre ellas, ni siquiera dónde la había cazado.

Martes, 9 de febrero de 1821

Hoy por la mañana he caminado una milla al sur de esta ciudad y he tenido el placer de observar a miles de golondrinas purpúreas que se dirigían hacia el este. Volaban alto y en círculos, se alimentaban con insectos sin necesidad de detenerse. Se desplazaban a casi un cuarto de milla por hora. El termómetro marca veinte grados. Clima lluvioso. Esta mañana había centenares de gallaretas en el mercado.

Miércoles, 15 de febrero de 1821

Hoy he escrito a mi amada esposa vía N. Berthoud.

Listado de los dibujos que Nicholas Berthoud ha enviado el 17 de febrero a mi querida esposa vía Shippingport:

Gallineta común (ave no descrita por Wilson)
Gaviota común (ave no descrita por Wilson)
Aguilucho pálido
Zanates marismeños, macho y hembra (ave no descrita por Wilson)
Cuervo americano
Cuervo pescador
Polluela sora
Pagaza piconegra
Escolopácido (ave no descrita por Wilson)
Zorzalito colirrufo
Reinita palmera
Chingolo sabanero
Battleground Warbler[53] (ave no descrita por Wilson)
Pelícano pardo
Halcón peregrino
Gallopavo (ave no descrita por Wilson)
Cormorán (ave no descrita por Wilson)
Zopilote negro
Colimbo

---

[53] Denominación inventada por Audubon, no identificable. *(N. de la T.)*.

Águila de cabeza blanca, águila calva o pigargo americano

A mi regreso, confío en tener la satisfacción de ver estos y muchos otros dibujos en buen estado, el fruto de un largo viaje.

Lunes, 19 de febrero de 1821

Clima hermoso, claro y cálido. Durante dos días y dos noches han soplado vientos fuertes del sudoeste.

Por la mañana he visto tres inmensas bandadas de aviones zapadores que me han pasado con la rapidez de una tormenta, en dirección Nordeste; pude escuchar sus trinos con absoluta claridad y supe que era ese ave por el ruido que hacían al aproximarse por la espalda. Los excrementos que soltaban eran como nieve pesada que caía débilmente. Durante el tiempo que pudimos observarlos, que no superó los dos minutos, no parecía que se alimentaran con nada.

Me alegré mucho al contemplar estas aves que presagian la primavera, pero no se me ocurre adónde podrían dirigirse a semejante velocidad, pues la temporada acaba de comenzar. No obstante, su paso por aquí ha durado más o menos lo mismo que el de la golondrina purpúrea el pasado día 9, que fue instantáneo, igual que lo será su llegada a Kentucky dentro de un mes. Tal vez los vientos del este las obligaron a ello y ahora se han visto tentadas a seguir a causa del suave clima. Nos mantenemos en los veinte grados.

¿Cuánto más al sur deberé viajar el enero y febrero próximos para ver cómo pasan el invierno estos millones de golondrinas, así como miles de reinitas, mosqueros fibís, tordos y miríadas de patos, gansos, escolopácidos, etc.?

El mercado está regularmente provisto de agachadizas comunes, que los franceses llaman *cache cache*, zorzales robín, cercetas aliazules, cercetas comunes, patos espátula, ánades reales, gansos blancos, gansos del Canadá, muchos cormoranes, gallaretas, gallinetas, chorlos mayores de patas amarillas, que aquí se conocen como *clou clou*, archibebes patigualdos chicos, algunas grullas canadienses, tórtolas comunes, carpinteros escapularios, etc.

Miércoles, 21 de febrero de 1821

Hoy por la mañana he sufrido uno de esos desalentadores percances que van unidos a la vida del artista. Una bella dama se ha referido al retrato que le había hecho empleando unos términos muy groseros, y es posible que haya perdido mi tiempo y la recompensa prevista por mi trabajo. Es la señora André. Menciono aquí su nombre porque puede que hable más sobre este retrato según la ocasión lo requiera.

He visto muchas golondrinas bicolores y también varias golondrinas purpúreas. Todas parecían muy alegres y no presentaban un aspecto embarrado como sin duda habría sido el caso si se hubieran establecido en los pantanos de esta ciudad desde el pasado diciembre. Abundaban a finales de ese mes y pude observar su paso desde el nordeste hacia el sudoeste. Desconozco si permanecen en este lugar una temporada prolongada o si se desplazan muy lentamente, puesto que rara vez llegan a Pensilvania antes del 25 de marzo, y lo más habitual es que lo hagan a principios de abril. La abundancia de insectos junto con los millones de mosquitos que se congregan en los pantanos bastarían para alimentar a las golondrinas del mundo entero.

He visto muchos bisbitas norteamericanos.

A los cuervos pescadores les encanta descender en bandada sobre los árboles de pecanas que hay a unas doce millas al sur de esta ciudad. Esto suele ocurrir hacia las nueve de la mañana, cuando se guarecen en ellos para descansar de sus excursiones pescadoras. Allí permanecen graznando hasta el mediodía.

Nueva Orleans, jueves, 22 de febrero de 1821

Por fin hemos abandonado el barco de quilla y nos hemos trasladado a tierra firme. Nuestra situación actual resulta muy curiosa. La habitación que hemos alquilado por diez dólares al mes está situada en
la calle Barracks, pegada al cruce con la calle Real (entre dos tiendas
de comestibles). Lo único que nos separa de ellas y de nuestra case-
ra china son unos tablones de madera, por lo que de inmediato llega
hasta nuestros oídos todo lo que sale de las estruendosas bocas de la
gente. La buena mujer habló largo y tendido sobre la honestidad de
los desconocidos y nos pidió un mes por adelantado, pero esta cantidad era más de lo que podía entregarle y le aboné medio mes. No me
remitió ningún recibo, a pesar de lo insistente que fue en este punto.

He pateado la ciudad de arriba abajo en busca de trabajo y de la
Ornitología de Wilson, pero no he tenido éxito en ninguno de los dos
frentes. Al atardecer, hastiado de Nueva Orleans, donde soy incapaz
de matar dos pájaros de un tiro, me he retirado a nuestra habitación.

He visto al capitán Barton, de Henderson. Dice que no me habría reconocido de no haber sido por mi voz.

Sábado, 24 de febrero de 1821

Ocioso. Buen clima. Vadeando un río me he adentrado en el bosque.
La vegetación superaba mis expectativas. He visto algunas plantas en
flor muy hermosas y he lamentado haber enviado a casa mis dibujos.
Aves extremadamente asustadizas, ninguna nueva. Por la tarde he visitado al señor John F. Miller, de quien me habían asegurado inusuales
dosis de cortesía. Tal vez llegara en un mal momento, pero en cualquier caso fui recibido y despachado tan pronto como la situación lo
permitió. Ni que decir tiene que el tema de conversación durante los
pocos instantes que allí malgasté giró en torno a las aves. Quiso saber
si en esta parte de América habitaban muchos patos, como el porrón

picudo —buen alimento—, entre otros. Si la pregunta la hubiera formulado yo, podría haber esperado un no de alguien que llevara diez años residiendo en ese lugar. Sin embargo, me vi obligado a ofrecer yo mismo esa negativa, a pesar de que carezco de un verdadero conocimiento sobre las aves en cuestión, pues parece ser que abundan en invierno, sobre todo las tadornas y las serretas grandes; hay muchas de estas últimas a la venta.

Esta mañana el mercado estaba bien surtido de golondrinas bicolores, *Hirundo viridis*, todas muy carnosas y de hermosos plumajes. Si estas apreciadas pequeñinas han preservado su abrigo y su carne tan frescos durante el supuesto letargo provocado por las heladas del invierno, han sido mucho más afortunadas que la carne de cerdo con mantequilla de Kentucky, que, por muy curada que esté, se agria.

Hombres de fiar me han asegurado que algunos inviernos son tan suaves que es posible ver golondrinas de tanto en tanto todos los meses.

Las golondrinas que se ven en el mercado se capturan en los agujeros de las casas en las que buscan refugio por la noche. La mañana ha sido muy fría y, aun así, vuelan golondrinas por las calles y por el río, gorjeando alegremente.

Domingo, 25 de febrero de 1821

He matado varias golondrinas bicolores, *Hirundo viridis*, muy grasas, la molleja completamente abarrotada con los restos de diversos insectos alados. No he podido observar ninguna diferencia externa entre los sexos. Las hembras, sin embargo, estaban bien equipadas con huevos y los machos lucían colores más vivos. El hermano del señor Pamar ha matado una petroica pechiblanca preciosa, pero su perro la ha destrozado hasta el punto de que no he podido dibujarla. Este cambio de color extraordinario es un signo de vejez. El pico del pájaro estaba muy gastado y las patas mostraban cicatrices en diversas zonas. Aun así, estaba muy grasa, igual que todas las que ha matado hoy.

He visto varias perdices. Aquí son unas aves muy buscadas y se las caza sin piedad; los caballeros ni siquiera permiten que alguna pareja pueda permanecer con vida, por lo que la raza está casi extinguida en los lugares próximos a la ciudad. Hoy hemos vadeado un extenso pantano con la esperanza de encontrar nuevas especies, pero, para mi sorpresa, no hemos visto nada.

Sábado, 10 de marzo de 1821

He enviado carta a Lucy, a Viktor, a William Bakewell y a N. Berthoud en el barco de vapor comercial.

Por la mañana, en el mercado, he visto algunos ampelis americanos. Gran número de agachadizas comunes, pero los zorzales robín, en cambio, casi han desaparecido y ni siquiera pueden verse en los bosques. Hoy me han asegurado que la oropéndola de Baltimore pasa el invierno en la isla de Cuba y que millones de golondrinas acuden a la zona occidental de esta isla durante los meses de noviembre, diciembre y enero. Lo han afirmado con tanta vehemencia que he decidido viajar allí el invierno que viene, y también a la bahía de Honduras, donde, según dicen, hay muchas solo durante estos meses.

Esta mañana he recibido carta de mi amada esposa fechada en Shippingport; había sido escrita varios días antes que la que he recibido a través del James Ross.

Por la noche, el capitán Cummings ha visto un atajacaminos común o un chotacabras de la Carolina revoloteando por la calle cerca de donde nos alojamos. Supongo que se trata de la segunda, porque me han asegurado que en los primeros días de abril se ven montones de ellas en la bahía de San Luis.

Domingo, 11 de marzo de 1821

Por la mañana he salido con Joseph para probar el rifle que me han regalado y lo he encontrado excelente. He matado numerosas golondrinas bicolores al vuelo, varios estorninos alirrojos, chingolos sabaneros, un cuervo pescador, etc., pero aún no hemos visto nada nuevo en los bosques, que, para mi pesar, en estos momentos están muy hundidos en el agua, ya que el río está unos cuatro o cinco pies más alto que el terreno que hay detrás del dique.

Por la tarde, durante un paseo, un precioso elanio del Misisipi ha pasado volando junto a mí pero había salido sin el rifle.

Cerca de nuestra casa, un sinsonte norteño acude regularmente al ángulo inferior de la parte alta de una chimenea y nos saluda con dulces cantos desde que sale la luna hasta cerca de la medianoche, y todas las mañanas desde las ocho hasta las once. Entonces se dirige al Convent Garden en busca de alimento. Siempre observo a este pájaro en el mismo lugar y en la misma posición, y me encanta oírle imitar la llamada del sereno, el «todo está en orden» que emana del puerto, ubicado a unas tres manzanas; lo hace tan bien que algunas veces incluso habría podido engañarme si no lo hubiera repetido con demasiada frecuencia en el plazo de diez minutos.

Jueves, 15 de marzo de 1821

He escrito a mi querida esposa y al señor Rob Best.

Anoche vi montones de chotacabras de la Carolina volando por las calles y algunos atajacaminos comunes.

Hoy he realizado un retrato a cambio de una montura para dama, a pesar del nulo uso que le puedo dar, pero el hombre para el que lo he hecho quería mucho a su esposa y no podía prescindir del dinero. De modo que, para no decepcionarlo, he consentido que me pagara con una montura.

Durante el almuerzo, unos gusanos se han puesto a dar unos saltos asombrosos en la mesa, sorprendiéndonos a todos.

Han salido de un buen trozo de queso. He observado que levantaban la cabeza hacia el extremo opuesto hasta que las dos mitades de su cuerpo casi discurrían en paralelo, y entonces, de repente, han sacudido uno de los extremos, no he podido ver cual. Son capaces de atravesar unas cincuenta o sesenta veces su propia longitud, de distintas maneras, y al parecer lo hacen en busca de queso.

Viernes, 16 de marzo de 1821

Esta mañana he tenido el placer de recibir una carta del señor A. P. Bodley fechada el día 8 en Natchez, en la que me informa de que mi portafolio ha aparecido y ha sido depositado en la oficina del *Mississippi Republican*. Para recuperarlo solo tengo que ponerme en contacto con ellos por escrito.

Acepto gustosamente la amabilidad del señor P., que obtuvo su pasaje trabajando en los barcos del señor Aumack, y al mismo tiempo no logro concebir cómo es posible que la carpeta haya burlado las pesquisas del señor Garnier.

El señor Gordon ha tenido la bondad de escribir a un amigo para que me lo hagan llegar de inmediato y abonar cualquier cargo que pudiera haber. Es sorprendente la amabilidad de este caballero hacia un hombre que es poco más que un desconocido para él, pero no me cabe duda de que para una persona de buen corazón sería imposible actuar de otro modo.

Por la tarde he salido a pasear con el rifle para contemplar el paso de millones de chorlitos dorados provenientes del nordeste que se dirigían al oeste. La destrucción de estos inocentes fugitivos, como si hubiera estallado una tormenta de invierno sobre nuestras cabezas, ha sido realmente asombrosa. Los caballeros de este lugar son más numerosos y expertos que en cualquier otra parte de los Estados Unidos a la hora de disparar al vuelo y tras un primer vistazo. Esta mañana temprano se han reunido en grupos que iban de veinte a cien personas, en diferentes lugares, allí donde sabían por experiencia que los pájaros pasarían, distribuidos a intervalos iguales y en cuclillas. Cuando se acercaba una bandada, hasta el último hombre imitaba su canto de forma magistral y prodigiosa, las aves descendían inmediatamente, dando vueltas y acercándose a unas cuarenta o cincuenta yardas hacia el reclamo. Cada arma abría fuego por turnos y con tan buena puntería que en varias ocasiones pude ver la completa destrucción de una bandada de cien chorlitos o más, a excepción de cinco o seis. Después de cada descarga los perros se lanzaban a por ellos mientras los tiradores cargaban sus armas, y a cada uno traían el mismo número de aves. Esto se prolongó durante todo el día. El sol había empezado a ponerse cuando abandoné una de las filas de excelentes tiradores. Parecían tan decididos a seguir matando como lo habían estado a primera hora.

Un hombre que estaba colocado cerca de donde yo me sentaba ha matado sesenta y tres docenas. En base a los disparos que podían oírse desde abajo y por detrás de nosotros, supongo que debía de haber unos cuatrocientos tiradores; suponiendo que cada uno matase treinta docenas, aquel día debieron de quedar destrozados un total de 144.000 chorlitos. He preguntado si estos pasos de bandadas son frecuentes y me han explicado que hace seis años se dio un caso idéntico inmediatamente después de tres días de temperaturas muy cálidas. Llegaron con un soplo del nordeste, muy parecido a lo que ha sucedido hoy. Unos pocos eran grasos pero la mayoría magros, y todo aquel que abrí no mostró ni rastro de alimento. Los huevos de las hembras eran extremadamente pequeños.

Sábado, 17 de marzo de 1821

Hoy por la mañana el mercado estaba bien provisto de chorlitos dorados y correlimos zarapitines. También he visto una grulla siberiana. He pasado casi todo el día caminando salvo la hora que he dedicado a realizar un retrato.

Domingo, 18 de marzo de 1821

Esta mañana he sido testigo, y de alguna forma he contribuido, a la ejecución de un nuevo tipo de farsa, por lo menos en lo que a mí respecta. Caminando por el dique de camino a la casa del señor Pamar, donde tenía concertada una cita para hacer un retrato, he sido invitado a desayunar en casa del señor Liautaud.[54] Al entrar vi que había mucha gente alrededor de un anciano caballero, a quien dedicaban extraordinarias alabanzas; el hombre parecía muy complacido. Sin embargo, enseguida comprendí que el personaje andaba más bien despistado y, aunque se le veía muy alegre por el buen trato del que era objeto, producía mucha diversión entre sus oyentes. Durante el desayuno, que ciertamente fue espléndido, y en el que el convidado principal bebió en exceso, varias veces nos sorprendieron inesperadas rondas de versos que habían sido compuestos para la ocasión y que no podrían haber causado mejor efecto. Todos se divirtieron de lo lindo, en particular los compositores, que fueron muy aplaudidos, a veces con el objetivo de poner fin a la locuacidad del invitado.

Tras el desayuno, me pidieron que me quedara para presenciar la mejor parte. El señor Liautaud explicó que el ilustre huésped estaba a punto de ser investido masón, y que el hecho de ser un hermano me daba derecho a un asiento. La supuesta ceremonia se llevó a cabo de

---

[54] Augustin Liautaud, comerciante de la firma de Nueva Orleans Liautaud Brothers & Dolhonde.

la forma más ridícula posible y sentí verdadera lástima por el recién iniciado. Una vez acabada, quemaron al hombre en distintas partes, lo bautizaron en un gran cubo de agua, lo cubrieron con una manta y lo hicieron arrastrarse a cuatro patas sobre unas cincuenta barricas de vino. Cuando al fin todo aquello terminó porque no se les ocurría ninguna otra perrería, el pobre diablo, que en todo momento había suplicado clemencia, estaba totalmente desnudo.

Tal vez fuera posible volver a engañar a un hombre como ese, pero pocos podrían soportar semejantes vejaciones. Varias veces esperé que sus gritos o que un cambio en su actitud, de cobarde a valiente, dieran paso a una escena muy diferente. Sin embargo, todo terminó como estaba previsto y el pobre hombre dio por supuesto que realmente era masón.

Me fui de allí y retraté a la señora Dourillier Guesnon.

Esta mañana hemos comprado en el mercado una hermosa garceta azul, *Ardea caerulea*, la hemos escogido entre cinco que eran casi idénticas. Al parecer, han llegado antes de lo habitual y son extremadamente difíciles de conseguir.

La he dibujado y concuerda con tal exactitud con la descripción de Wilson que no hay ninguna necesidad de que lo haga yo:

Longitud total: 30,5 pulgadas
Hasta el final de la cola: 23,5 pulgadas
Envergadura alar: 39,25 pulgadas
Plumas de la cola: doce pulgadas
Peso: trescientos gramos
(Garra central serrada hacia el interior)

La sustancia algodonosa que tenía en el pecho solo cubría la quilla y volvía a aparecer a cada lado del obispillo. Me han asegurado que era un macho muy hermoso.

Por la mañana, mientras leía los periódicos en casa del señor Pamar, he tenido conocimiento del tratado entre España y nuestro país.

El cuarto artículo hablaba de una expedición formada por ambas partes para estipular la línea de división y abandonar Natchitoches a lo largo de este año. De inmediato me he presentado ante el señor Gordon para averiguar qué pasos serían necesarios a fin de conseguir un nombramiento como dibujante en este viaje tan deseado. Me aconsejó que acudiera al señor Hawkins,[55] que a su vez me presentaría al gobernador Robertson.[56]

He ido a ver al señor Hawkins, que ha sido muy amable y me ha prometido ir a ver al gobernador y mencionarle mis deseos. Me ha pedido que vuelva a verlo el día veintitrés.

La idea de unirme a tal empresa y dejar atrás todo aquello por lo que siento apego, tal vez para siempre, me ha provocado muchas sensaciones y pensamientos contradictorios, pero mi sincero convencimiento de que mi trabajo es para uso y beneficio de todos compensa cualquier duda.

El día 23 volví a presentarme en el despacho del señor Hawkins, pero mi buen espíritu sufrió un duro revés. Me informó de que el gobernador prefiere no invertir más esfuerzos en establecer la línea en cuestión; según su opinión, solo harían falta topógrafos.

Decepcionado pero no menos deseoso de seguir intentándolo, he ido a ver al señor Gordon, que me ha apoyado en mi intención de dirigirme directamente al presidente. No le entraba en la cabeza que un viaje tan interesante pudiera realizarse por el mero hecho de cumplir una labor administrativa, sin aportar conocimientos sobre el nuevo territorio. Tras despedirme de este amable caballero me he

---

[55] Joseph Hawkins, abogado de Nueva Orleans.

[56] Thomas Bolling Robertson (1779-1828), gobernador de Luisiana entre 1820 y 1824.

encontrado con el señor Grasson, de Louisville, y le he hecho partícipe de mis deseos y pensamientos.

«Puedo prestar ayuda con algo que creo que el señor Audubon y yo mismo podemos hacer: le haré entrega de varias cartas dirigidas a distintos miembros del Congreso, a quienes conozco bien, y que estarán encantados de conocer sus opiniones, pero escribir al presidente…».

Esto era como música para mis oídos.

Con un montón de proyectos en la cabeza volví a casa y escribí a N. Berthoud para solicitar su ayuda inmediata. Por la tarde salí a pasear y vi centenares de nuevas aves en mi cabeza. Me imaginé ya embarcado en este viaje.

El día 24 volví al despacho del señor Hawkins. El señor Gordon le había hablado de mí, quien a su vez había vuelto a hablar con el gobernador. Le trasladé mi intención de dirigirme al presidente. Él accedió y prometió entregarme una carta para él, además de procurarme otra para el gobernador.

Me atrevo a decir que camino por las calles como un demente que piensa demasiado como para poder pensar algo. Un hombre de bello rostro llamó mi atención y supe enseguida que se trataba de mi viejo conocido y amigo George Croghan. Nuestro encuentro había sido casual y me sentí aliviado. Él sabía lo que iba a decir porque el día anterior había almorzado en casa del gobernador con el señor Hawkins. Me dijo que había hablado de mí pero que haría más. Ha prometido enviar algunas cartas al señor Hawkins para ayudarme en mi empresa, y ha insistido tan amablemente en su deseo de invitarme a pasar algún tiempo en su plantación que he aceptado su oferta. De nuevo me he visto caminando deprisa, con cara de loco, pero, a sabiendas de que el tiempo es oro, he ido en busca del señor Prentice para preguntarle si sería tan amable de esbozar una carta para mí. Se ha mostrado de acuerdo, pero cree que es mejor que la escriba yo mismo; él estaba dispuesto a ofrecer libremente consejo y ayuda en caso necesario. Me vi entonces limitado a mis pobres pensamientos para expresar mis deseos.

Impaciente y decidido a no dejar ningún recurso sin probar, me puse manos a la obra a escribir con tanta celeridad como lo estoy haciendo ahora una carta que el señor Prentice, para mi gran asombro, consideró totalmente apta. Habló mucho sobre el viaje y anticipó el placer que sin duda le proporcionaría leer mi diario a mi regreso. Sentí que me había desprendido de un gran peso y volví a mi habitación, recogí municiones y a Joseph y fuimos al bosque en busca de nuevas especies.

A lo largo de mi vida he tropezado con muchas piedras, pero una vez regresara de semejante expedición habría logrado poner a salvo el fruto de mi trabajo, a mi querida familia y a mí mismo. ¡Qué agradecido entonces me sentiría con mi país, y pleno en la grandeza de mi Creador!

Esta mañana he visto en el mercado tres ejemplares de lo que Wilson llama correlimos batitú, *Bartramia longicauda* (aquí se los conoce como *parabots*). Muy grasos. He visto una hermosa grulla trompetera pero sin patas, inmensas cantidades de cercetas alizules y aliverdes, cientos de escolopácidos, correlimos zarapitines, golondrinas bicolores. Los zorzales robín, sin embargo, han desaparecido.

En esta parte de América, la migración de las aves no se acomoda al ritmo del reino vegetal. Cuando los árboles presentan el mismo follaje en Pensilvania, Ohio, Kentucky o incluso en la parte alta de Tennessee (estamos hablando de mediados de mayo), para el 25 de abril las aves han alcanzado estos lugares y se preparan para responder a la llamada de la naturaleza.

Para mi gran sorpresa, las numerosas especies de reinitas, tordos, etc., que abundaban durante el invierno se han trasladado hacia el este, a excepción de las golondrinas y de algunas aves acuáticas.

Esto me lleva a creer que la mayoría de nuestras aves migratorias abandonan sus guaridas invernales con un certero conocimiento del clima y una rapidez de movimiento a lo largo del país que nos arrebatan la posibilidad de observar su paso, ni siquiera el de las grandes bandadas, desde los lugares y en los momentos dictados por su propia naturaleza.

Domingo, 25 de marzo de 1821

He comprado un precioso ejemplar de garza blanca en perfecto estado. Me la ha enviado un cazador al que conocí hace unos días. He dedicado el día entero a ella y me ha resultado el ave más difícil de copiar de cuantas he emprendido. Por la tarde he salido a pasear y he escuchado el canto de una reinita que era nuevo para mí, pero no he logrado darle alcance.

Lunes, 26 de marzo de 1821

Sigo dibujando la garza blanca. Olía tan espantosamente mal que cuando procedí a abrirla solo fui capaz de dedicar un instante a atestiguar que era macho. La sustancia algodonosa rodeaba la quilla, ambos lados de la cloaca y el obispillo. Garras medias muy pectinadas.

Hoy he dibujado mis ejemplares macho y hembra de parula norteña. Al atardecer salí a dar un paseo corto y vi lo que tal vez fueran miles de aves de la misma especie. Maté varias, todas presentan las mismas características, independientemente de su sexo.

A través del señor Prentice, que partió a las doce del mediodía en el *James Ross*, he enviado a mi querida esposa una pieza de lino, algunas medias, cosas para nuestros chicos y la silla de montar para mujer que casi me vi obligado a aceptar hace algún tiempo.

He entregado al señor Forestale, que también viajaba en el mismo barco, una autorización para recoger mi portafolio en Natchez y le he pedido que se lo envíe al señor Gordon.

Sábado, 31 de marzo de 1821

Estos tres últimos días he dedicado más tiempo a pensar que a cualquier otra cosa, y a menudo he pensado que me pesaba mucho la cabeza.

Esta mañana he esperado al señor Gordon confiando en obtener de él alguna sugerencia a mi carta al presidente, pues en mi cabeza solo hay espacio para la Expedición del Pacífico. La escribió y yo la leí, pero no quedé del todo satisfecho. He ido a ver al señor Vanderlyn,[57] el pintor histórico, con mi portafolio para mostrarle algunas de mis aves con vistas a pedirle unas líneas de recomendación. Las ha examinado atentamente y ha considerado que estaban «muy bien hechas». Sin embargo, estaba lejos de poseer conocimientos de ornitología o historial natural; me complació que solo juzgara la calidad del dibujo. Habló del bello colorido y de la buena postura y dijo que me entregaría con gusto un certificado que indicara que habían superado su valoración. ¿Son todos los hombres de talento tontos y groseros a propósito o es algo natural? No puedo garantizarlo, pero con frecuencia he pensado que eran o lo uno o lo otro.

A mi llegada a los aposentos del señor Vanderlyn, se dirigió a mí como si yo fuera un despreciable esclavo y, alejándose, me ordenó que dejara mis dibujos allí mismo, en la sucia entrada, que él regresaría enseguida para examinarlos. Me sentí tan molesto que mi primera intención fue la de recoger mis cosas y marcharme, pero con la expedición a la vista, pensé en cuánto tiempo había esperado Kempbell,[58] el actor, en cierta ocasión en el teatro en Inglaterra, y me quedé pacientemente de pie en la entrada, aunque me negué a colocar mis dibujos en el suelo.

Transcurridos alrededor de treinta minutos, regresó con un oficial y, adoptando un aire más parecido a un hombre que no es ajeno a

---

[57] John Vanderlyn (1775-1852), retratista, pintor histórico y paisajista conocido por sus panorámicas.
[58] Se cuenta que John Philip Kemble (1757-1853) dejó de actuar en mitad de una de sus interpretaciones al ser interrumpido por una joven que hablaba a gritos.

mi actual situación, me invitó a pasar a su habitación privada. No obstante, pude ver claramente en sus ojos esa confianza egoísta que siempre destruye en algún grado la valía del mejor hombre. Con la cara bañada en sudor, abrí apresuradamente mi portafolio y coloqué los dibujos en el suelo. Levanté la cabeza hacia él y vi que los miraba. El oficial exclamó: «¡Por Dios, qué hermosura!». Vanderlyn cogió uno de los dibujos para examinarlo con mayor atención, lo volvió a dejar y fue entonces cuando dijo que estaban muy bien hechos.

Tomé aire, no porque lo considerara un hombre poseedor del más alto talento, pues para llegar a tal conclusión uno no debe cometer errores, y yo, con los ojos medio cerrados (como bien sabéis que examinan la pintura los pretendidos jueces de nuestros días), descubrí un gran defecto en una de sus figuras femeninas (el defecto que había sido corregido en la mujer que dibujé hace unos días). Pero como este caballero tenía cierto talento y se le consideraba un juez excelente, y como me habían asegurado que unas pocas palabras suyas podrían resultarme útiles… De mi retrato habló de forma muy diferente; el que había traído era, según él, tosco y carente de efecto, aunque reconoció que debía de tratarse de una mujer muy ordinaria.

Se sentó a escribir y yo, pensando más en viajar al océano Pacífico que en los retratos, adjudiqué a estas últimas observaciones menos valor que a un picayune.[59]

Mientras me alejaba de su casa, en la esquina de la calle St. Louis y la calle Real (conocida como la Esquina de los Acontecimientos), el oficial, que me había seguido hasta la calle, me preguntó por el precio del retrato hecho con tiza negra, y dónde me alojaba. A todo contesté. Pensé en cuán extraño era que un pobre diablo como yo pudiera robarle un cliente al gran Vanderlyn, pero la fortuna, además de voluble, ciertamente debe de tener sus momentos de chifladura. El oficial dijo que mi estilo le había cautivado y que me llamaría.

---

[59] Moneda española de escaso valor. *(N. de la T.)*.

El señor Hawkins ha visto algunos de mis dibujos por la tarde y le he hecho entrega de mi carta dirigida al presidente. Parecía muy complacido con ambas cosas y me ha asegurado que hará todo lo que esté en su poder para ayudarme.

He enviado por correo cartas a mi querida esposa, a N. Berthoud y al juez Towles.[60] El correo sale cada domingo a las ocho. He regresado a nuestro alojamiento con un montón de ideas que no son fáciles de explicar.

Ayer por la tarde, durante un breve paseo, disparé a un vireo ojiblanco que esa misma noche se comieron las ratas, por lo que hoy no he podido dibujarlo. Joseph ha disparado a un tirano gritón y a un chupasavia norteño.

La cortesía mostrada por el señor Vanderlyn es algo que recordaré durante mucho tiempo, y me sentaría bien experimentar estos mismos sentimientos cada vez que contemple estos garabatos. Lo que sigue es una copia de las líneas de las que me hizo entrega:

Nueva Orleans, a 30 de marzo de 1821

El señor John J. Audubon me ha enseñado varios ejemplos de sus dibujos de historia natural, como los de las aves, con sus colores naturales, así como otros dibujos en blanco y negro, que parecen estar hechos con gran veracidad y precisión, como cualquier ave que yo haya podido observar en el paisaje. El caballero anteriormente mencionado desea que deje mi opinión por escrito, confiando en que pueda servir de recomendación para ser contratado como dibujante en cualquier expedición a los territorios interiores de nuestro país.

J. Vanderlyn

---

[60] Thomas Towles (1784-1850), nacido en Virginia, se trasladó al condado de Henderson (Kentucky) en 1805.

Jueves, 5 de abril de 1821

Acabo de recuperar mi portafolio. El señor Garnier me lo envió hace dos semanas al cuidado de su hijo. Mencionaré más adelante los trastornos que esto me ha causado. Debo dar las gracias al señor Garnier, porque lo encontró en la ribera del río y por lo bien que cuidó de él, pues al abrirlo hallé el contenido en tan buen estado como el día en que se perdió. Solo faltaba una lámina.

> Parula norteña
> Calandrias castañas
> Cardenal norteño
> Cuclillo piquigualdo
> Copetón viajero
> Vireo ojiblanco
> Atajacaminos común, abundantes al amanecer
> Buitre pavo
> Zopilote negro
> Gaviotas comunes
> Cucarachero de Carolina, en grandes cantidades
> Pocas perdices, muy miedosas

Para tener la oportunidad de contemplar estas aves en la caza de otras he caminado desde las dos de la mañana hasta las cuatro de la tarde, vadeando a menudo hasta la cintura, atravesando pantanos y recorriendo los bosques más densos que he visto en mi vida.

El capitán Cummings nos dejó el día 10 y se marchó a Filadelfia. El pobre hombre no tenía ni un centavo. He visto al señor Hoytema, que ha llegado a bordo del *Columbus*. En esa embarcación viajaban cartas de Lucy, de William Bakewell, de Charles Briggs, de N. Berthoud. El carguero a vapor *Commerce* traía otra de mi esposa y una del señor Matabon, el gran flautista. Las he respondido todas.

Azulillo sietecolores:

Aunque estas aves actualmente son capturadas y en pocos días están domesticadas hasta el punto de cantar sin descanso, cuando se las atrapa a lo largo del mes siguiente mueren en cuestión de pocas horas y se muestran abatidas desde el momento en que son enjauladas. Les gusta anidar en robles, ciruelos silvestres, zarzas, huertos de naranjos. Una vez domesticadas se alimentan con arroz, se reproducen dos veces; las hembras que abrimos el 15 de abril tenían huevos del tamaño de balas del calibre cinco.

Por medio de una fuente fiable he podido saber que una de estas aves se escapó de una jaula y regresó a la casa pasados treinta días. Se metió en la jaula y allí permaneció muchos años; una hembra en una jaula fue vista acarreando y disponiendo los materiales que le habían proporcionado para construir un nido, el cual completó. Sin embargo, nunca llegó a poner huevos.

Esta mañana, en el mercado, he visto varias crías de sinsonte norteño capaces de volar. Los lugareños afirman que con frecuencia estas aves se reproducen hasta cuatro veces a lo largo de una sola temporada. También me han contado que las crías sufren al ser abordadas por los padres tras una separación de varios días; las envenenan. Esta conducta antinatural exige ser confirmada.

Lunes, 16 de abril de 1821

El doctor Heermann y su esposa vinieron a verme el sábado pasado cuando yo me hallaba de cacería, de modo que hoy he ido a visitarlo a su casa. Deseaba que le diera unas cuantas clases de dibujo a la señora H. Accedí y empiezo mañana. Joseph ha pasado casi todo el día cazando y ha matado un pájaro carpintero cabecirrojo, un carpintero de Carolina, calandrias castañas, un carbonero cabecinegro, un azulillo sietecolores verde (he dibujado uno con la cabeza azul). Joseph ha visto una reinita grande y algunas oropéndolas de Baltimore.

He pasado parte del día con el señor Hoytema y otros jóvenes de Henderson a bordo.

Me he quedado tan apenado como sorprendido de no recibir carta de Lucy en la gabarra *Manhattan*.

Jueves, 19 de abril de 1821

Una vez más dispongo de escasos fondos. He salido de casa con el portafolio, que es mi mejor amigo a modo de presentación, y he ido hasta la casa del doctor Hunter, el renombrado hombre de Jefferson, que quedaba bien lejos. Nos presentamos ante él sin saber que el buen hombre estaba orinando. Esperamos y le entregué mi carta firmada por el doctor Prentice.

Este galeno pudo haber sido un excelente médico en el pasado, pero ahora se encuentra privado de lo que yo considero tener la cabeza en su sitio y al final me he marchado dejándolo con su miseria.

Fui a ver a un nuevo fenómeno de la pintura, el señor Earl o algo parecido, y encontré al señor Earl Jackson.[61] ¡Válgame Dios! Perdóname si mi juicio es erróneo, pero ni siquiera en el centro de París he visto un cuadro peor que estuviese firmado.

Domingo, 22 de abril de 1821

Ayer recibí una carta de mi amada Lucy, la contesté anoche y hoy por la mañana he escrito a N. Berthoud y a William Bakewell. He enviado a casa una caja y una bolsa en el carguero de vapor *Commerce*, que ha zarpado a las nueve de la noche.

---

[61] Ralph Eleaser Whiteside Earl (c. 1785-1838), artista y pintor itinerante que realizó más de una veintena de retratos de Andrew Jackson. En 1821, Earl exhibió uno de estos retratos (que ahora se encuentra en el Tennessee State Museum) en Nueva Orleans y en Natchez.

Como casi todos los domingos, he almorzado en casa del señor Pamar. Todos mis alumnos tienen inclinaciones religiosas y no doy clases este día. La enorme tranquilidad y, por supuesto, lo cómodo que me hallo en compañía de la familia de la señora Pamar convierten mis visitas a esa casa justo en lo que más deseo y necesito para descansar de mi excesivo esfuerzo. Hoy he terminado el dibujo de la garceta nívea, *Ardea candidissima*, un macho precioso. Joseph ha dibujado flores durante todo el día.

Lunes, 23 de abril de 1821

En el mercado he encontrado una gallineta americana que difiere en gran medida de la que llamo calamoncillo americano: las patas y pies amarillos, la corpulencia, el pecho azulado y el colorido del conjunto. Los cazadores me han asegurado que nunca han visto una con las patas rojas, pero no puedo depender de su memoria. También hemos encontrado otro ejemplar macho de azulillo grande, *Loxia purpurea*.

He visto a mi viejo conocido John Gwathmey, de Louisville, que estaba vigilando en el dique. No le agradó mi aspecto exterior y hablamos poco tiempo.

Martes, 24 de abril de 1821

Muy necesitado de dinero. He ido a pie hasta el barco de vapor *Columbus* y he pintado un retrato de Baxter Towns por veinticinco dólares. He dado mis clases y he dibujado la reinita estriada macho, *Sylvia striata*. Estoy contento con mis días de trabajo, he recibido carta de mi hijo Victor y he quedado muy satisfecho al comprobar cuánto ha mejorado su caligrafía.

Miércoles, 25 de abril de 1821

He vuelto a bordo del *Columbus* y Towns me ha pagado. He retratado al señor Hall; creo que es uno de los mejores retratos que he hecho. He visto a Gwathmey y a Thompson, ambos de Louisville. He almorzado en casa del señor Pamar. Albergaba grandes esperanzas de ver al general Jackson, pero seguía sin disponer de tiempo libre. He pagado nuestro alquiler. Era el día de lavar la ropa: quince dólares por los dos primeros artículos y cinco por los siguientes. Llueve con fuerza. El señor Hoytema todavía se encuentra en el *Columbus*. Desconozco cuáles son sus intenciones.

Me veo obligado a desacreditar la mala representación que mi amigo Wilson ha hecho de la reinita que dibujé ayer. Solo la longitud del pico excedía a la de la naturaleza en un octavo de pulgada, esto es, una diferencia abismal. Y ha dibujado una ancha línea blanca que rodea la parte superior del ojo que en realidad es inexistente.

Viernes, 27 de abril de 1821

He llegado al *Columbus* a las seis de la mañana para hacer el retrato de John De Hart. El señor Hoytema apareció poco antes del desayuno tras una noche de ausencia. El resto de pasajeros le ha choteado mucho.

El general Jackson ha salido de la ciudad sobre las doce. Le he visto en tres ocasiones. El retrato de Vanderlyn[62] es el único bueno de

---

[62] Vanderlyn completó varios retratos de Jackson, entre ellos uno que se limitaba a la cabeza y los hombros (c. 1819, City Hall Collection, Charleston, Carolina del Sur), ampliamente reproducido en grabados contemporáneos, y otro retrato más grande (1820, Art Commission of the City of New York). En 1824 Audubon sirvió como modelo para un retrato de cuerpo entero de Jackson en el estudio del artista en Nueva York.

cuantos he visto. La ilustración de Sully[63] es despreciable. La destinataria del retrato de John De Hart era la señora Hall. Lo llevé allí y pasé varias horas con ella; una mujer agradable en extremo. He escrito a Charles Briggs.

Sábado, 28 de abril de 1821

Me he levantado temprano y he acudido a bordo del *Hecla* para retratar al señor Bossier.[64] He hecho un buen trabajo. He pasado una velada con el joven Guesnon[65] y con Hetchberger, el pintor. Joseph está enfermo. He escrito a mi querida Lucy.

Domingo, 29 de abril de 1821

Me he levantado para ir a recoger algo de dinero y enviarlo a casa. He recibido ciento cinco dólares y he mandado cien en papel moneda de los Estados Unidos n.º 152 de tipo A fechado en Filadelfia el 5 de abril de 1817, pagadero en Nueva Orleans por orden de B. Morgan.[66] Se lo he entregado a John De Hart en una carta abierta para que se la remita a mi esposa. El *Columbus* ha zarpado a las doce. He almorzado en casa de Hetchberger. He retratado a su esposa. De camino a casa he entrado en la del pintor de plumas. Se ha mostrado muy civilizado y me ha pedido mi tarjeta. Hoytema a venido a visitarme. Joseph se encuentra mejor.

---

[63] Thomas Sully (1783-1872), retratista y pintor de miniaturas de origen inglés. Un grabado de 1820 de James Barton Longacre del retrato que Sully hizo de Jackson fue ampliamente distribuido.

[64] *Jean Baptiste Bossier*, 1821, cera y tinta sobre grafito en papel, Museo Nelson-Atkins, Kansas City (Misuri).

[65] Philip Guesnon, oficinista de cobro del Banco de Orleans.

[66] Benjamin Morgan, director de la sucursal en Nueva Orleans del Banco de los Estados Unidos desde 1816.

Lunes, 30 de abril de 1821

Ha llegado el barco de vapor *Paragon*. No había ninguna carta para mí. El señor Gordon ha recibido una del señor Berthoud. Me he quedado muy decepcionado, casi enfermo, pero no he podido hacer nada al respecto.

Martes, 1 de mayo de 1821

He salido a pasear. He escrito a mi esposa, pero el barco donde tenía intención de depositar la carta no ha zarpado. Muy intranquilo por la salud de mi mujer y de mis hijos. No he hecho nada.

Miércoles, 2 de mayo de 1821

He vuelto a escribir a Lucy. He entregado la carta a Baxter Towns. He dibujado un chorlito de patas largas. Contenía camarones e insectos y, a pesar de la diferencia de tamaño, casi se correspondía con la descripción de Bewick.[67] Era un macho y lo recibí de manos del señor Duval, el pintor de miniaturas, que me aseguró que desde que vive aquí ha matado unos seis o siete, todos iguales y sin ninguna diferencia apreciable de tamaño o color. Se ven con frecuencia en el lago Borgne durante los meses de verano. Estoy muy satisfecho con la postura del ave en el dibujo.

---

[67] Thomas Bewick (1753-1828), grabador de *General History of Quadrupeds* (1790) y *History of British Birds* (1791-1804).

Jueves, 3 de mayo de 1821

He comprado quince yardas de mahón para fabricar ropa de verano. He encontrado a la señora Hetchberger más amigable que de costumbre, si es que tal cosa es posible; se dirigía a mí con total franqueza. He conocido a otra hermana. He trabajado en el retrato de la señora Hetchberger. Desde el lunes por la mañana el clima es muy desagradable. El termómetro marca treinta y un grados. Hoy a las tres de la tarde hacía treinta y dos grados a la sombra.

Me han contado que se han producido casos de fiebre amarilla en la ciudad.

Domingo, 6 de mayo de 1821

He recibido una carta de mi mujer desde Cincinnati no demasiado acorde con mis sentimientos. Muy sorprendido de no haber recibido noticias de N. Berthoud. Le he comunicado a Joseph la muerte de su padre y parece que se lo ha tomado bien. He visto al señor Jesse Embrie, del Museo de Cincinnati. Ha sido un día muy aburrido. He almorzado en casa de Hetchberger.

Lunes: Maldito calor. El joven Guesnon se ha ofendido y no me dirige la palabra.

Martes: He escrito a mi mujer pero no he cerrado la carta. El señor Hoytema ha venido a visitarnos. Muy exasperado con el señor Gordon, que envió a Inglaterra un pedido para mí con diez libras de tiza italiana, seis docenas de lápices de plomo negro y dos lápices pastel de punta gruesa, pero no ha avanzado el dinero.

Miércoles, 9 de mayo de 1821

He terminado mi carta para Lucy y he escrito una breve para N. Berthoud. Las he dejado a bordo del *Fayette* porque el *Ross*, que pensaba que zarparía primero, no estaba preparado. Hoy he tenido la impresión de que cierto caballero a quien voy a ver todos los días se sentía incómodo con mi presencia. Rara vez antes de mi llegada a Nueva Orleans había pensado que el sexo débil me mirara de un modo tan favorable como he descubierto en los últimos tiempos.

He visto al señor Hoytema en casa del señor Hawkins muy animado, pero no me atrevería a llamarlo embriaguez. Esta noche ha zarpado para Liverpool. He ido a visitar al afable Vanderlyn; este caballero, como todos los hombres importantes, gana a medida que se lo conoce. He visto su retrato de mi pupila, la señora H. El parecido es bueno pero está ejecutado de forma tosca. Ha elogiado mis dibujos, tal vez demasiado para ser verdaderamente sincero. He ido a ver a Gilly para tratar el asunto del pago de nuestro pasaje a Shippingport si finalmente resuelvo ir allí.

He escrito a mi esposa, al señor N. Berthoud, a Henry Clay, al doctor Drake y el día 16 he enviado todas las cartas a bordo del barco de vapor *Paragon*.

He ido a almorzar a casa del gobernador Robertson. Me ha recibido cortésmente y ha prometido entregarme una carta de presentación para el señor Monroe.

Sigo sin tener noticias del señor Berthoud.

17 de mayo de 1821

He empezado a dar clases al joven señor Bollin, a dólar y medio la lección.

He empezado a dar clases a la joven señorita Perry,[68] a dos dólares la lección.

He empezado a dar clases a la joven señorita Dimitry, a dos dólares la lección.

Nueva Orleans, 20 de mayo de 1821

He enviado unas cuantas líneas a mi esposa en el barco de vapor *Tamerlane*. La semana pasada recibí una carta del señor J. Hawkins y otra del señor Robertson, el gobernador, para el presidente de los Estados Unidos. Los favores de los hombres en las altas esferas son, en efecto, favores.

El gobernador es un hombre muy bien informado y sumamente educado.

Hace tanto tiempo que no recibo noticias de mi familia que mi ánimo está muy bajo y me cuesta sentarme a escribir. Mi diario sufre de lo mismo que me afecta a mí: falta de atención.

Nueva Orleans, 16 de junio de 1821

He dejado la ciudad sobre las doce y media en el barco de vapor *Columbus*, cuyo capitán es John De Hart, rumbo a Shippingport, en Kentucky.

Han pasado varias semanas en las que he tenido mucho trabajo entre manos, todos los días, y por la noche me molestaban los mosquitos. Mi pobre diario se ha visto relegado a un segundo plano, pero a la luz de ciertos acontecimientos y mi deseo de poner por escrito incidentes que de alguna forma son significativos y me resultan agradables de recordar, lo retomo.

---

[68] Eliza Pirrie, hija de los señores de James Pirrie de la plantación Oakley, Bayou Sarah (Luisiana).

Hace algunas semanas un personaje proclamaba su interés por mí, pero ha llevado su petulancia demasiado lejos y no la considero digna de mis atenciones. Llegados a este punto os daré una lección que os convendría recordar en caso de que alguna vez seáis empleados como profesores de alguna persona opulenta y ostentosa: halagadla, seguid elogiándola y terminad con más halagos o, de lo contrario, no esperéis pago alguno.

Mis infortunios a menudo ocurren por una falta de adherencia a esta máxima en casos similares. Después de haber atendido con asiduidad a la esposa de un caballero (cuyo nombre no mencionaré) durante cuarenta días, recibí el más grosero de los despidos, y mi orgullo no me permitía volver a aquella casa para exigir algún tipo de compensación. Nunca olvidaré lo agradables que fueron las primeras lecciones. Ella creía haber sido dotada con un talento superior y me atrevo a decir que su espejo, al complacer su vanidad, le hacía creer que era una estrella caída de los cielos para decorar este mundo. Sin embargo, las dificultades fueron en aumento y, por supuesto, dibujar dejó de agradarle. No daba abasto para terminar todas las piezas que había empezado para ella, y la dama me aseguró que la constancia nunca acompañará al genio. Los últimos días, nada más poner un pie en la casa, decía que se encontraba mal, bostezaba y posponía la lección para el día siguiente. Creía que el esposo era consciente de la debilidad de ella, pero el buen hombre, como algún que otro conocido que tengo, era todavía más débil.

No albergaba duda alguna respecto a mi virtuosa conducta y sentí gran placer al dejarlos, a ellos y los cien dólares que me había ganado.

La familia Dimitry, a cuyas hijas tuve el placer de asistir como maestro de dibujo, se había vuelto particularmente agradable y me marché preocupado por su bienestar y con el placer que produce la anticipación: confío en volver a verlos el invierno próximo. Nunca olvidaré al joven Dimitry. Nunca he conocido a un joven con una capacidad natural tan genuina; su sarcasmo era muy parecido al del doctor

Walcot. De las jóvenes señoritas, Aimée y Euphosine, recibí dos hermosas plantas para mi amada Lucy que envié al cuidado del capitán De Hart.

Al señor R. Pamar, un verdadero amigo, y a su amable y bondadosa esposa debo agradecer las molestias tomadas para que mi estancia en Nueva Orleans fuese confortable. Comía allí siempre que encontraba ocasión y sus hijos me querían tanto que al marcharme sentí como si me estuviera despidiendo de los míos. Conocí de una forma muy superficial al señor Pamar hace unos años, mientras él descendía el Ohio de regreso a su hogar. Fui cortés con él cuando llamó a mi pobre cabaña de troncos en Henderson. A menudo hablaba del trato descortés que había recibido y, por tanto, era capaz de recordar aquellas ocasiones en las que sí se habían mostrado amables con él; expresó lo mucho que lamentaría que no me sintiera cómodo en su casa.

Recibí muchas atenciones del señor y la señora Laville. Tuve el placer de ver al señor Hollander,[69] el socio de mi viejo pero también acaudalado conocido Vincent Nolte.[70] Creo que comprendió de inmediato que no tenía intención de ensuciar su bonito y próspero hogar cuando me vi reducido a mis bombachos grises. Un día que trataba de apartarme de él, me tomó de ambas manos y dijo: «Mi querido Audubon, venga a verme, le prometo que no tendré a nadie más a la mesa y trataré de levantarle el ánimo, tengo buenos cuadros y, por favor, traiga sus aves, estoy impaciente por verlas». Ya lo veis, aunque vivía totalmente retirado y por lo general evitaba a aquellos a los que suponía que mi presencia incomodaría, de vez en cuando tropezaba con algún miembro de esta vida que mostraba una menor indiferencia hacia compañeros que, como yo, han alternado entre la riqueza y la pobreza.

---

[69] Edward Hollander, comerciante de Nueva Orleans y cónsul ruso.

[70] Audubon conoció a Nolte (1779-1856), un comerciante de Nueva Orleans, en 1817. Nolte más tarde le proporcionó cartas de recomendación para amigos influyentes en Liverpool.

Llevaba varios días asistiendo a la señorita Pirrie para acentuar su gusto natural por el dibujo cuando su madre, a quien tengo intención de mencionar a su debido tiempo, me pidió que sopesara la posibilidad de pasar el verano y el otoño en su granja cerca de Bayou Sarah. Me alegré de que me hiciera tal propuesta, pero habría preferido una y mil veces que vivieran en las Floridas. Cerramos el trato con la promesa de recibir sesenta dólares al mes por dedicar la mitad de mi tiempo a enseñar a Eliza todo cuanto fuera posible sobre dibujo, música, baile, etc. Nos proporcionarían una habitación y todo lo necesario a Joseph y a mí, de modo que después de haber dado forma a cien planes diferentes que no podrían ser más opuestos a este, me he comprometido a pasar varios meses en una granja en Luisiana.

Dejamos nuestra residencia en la calle Quartier y a la vieja miss Louise sin el más mínimo remordimiento. Sus modales vulgares no casaban con nuestros sentimientos. Para entonces ya habíamos descubierto por las malas lo imprescindible que es un ama de llaves limpia y escrupulosa para los naturalistas.

Queríamos mucho al señor Jack, nuestro vecino español. Sus sobrinas cantaban bien y sus propias bromas de vez en cuando nos divertían.

Alcanzamos nuestro lugar de desembarco en la desembocadura de Bayou Sarah un día caluroso y sofocante sin más incidentes. Nos despedimos del señor Gordon y después de subir la colina de la localidad de St. Francis descansamos unos momentos en casa de un tal señor Semple. Sirvieron el almuerzo, pero no tenía ganas de nada, deseaba viajar a bordo del *Columbus*, deseaba ver a mi querida Lucy y a mis queridos hijos. Sentí que me comportaría con torpeza sentado a la mesa y me alegré de la excelente oportunidad de que nos hubieran ofrecido ir a casa de los Pirrie. Continuamos avanzando despacio, guiados por varios de sus criados, a los que habían enviado tras recibir la noticia de nuestra llegada. Cargábamos con un equipaje ligero.

El paisaje era totalmente novedoso para nosotros y distraía mi mente de esos otros seres a los que dedico mi vida. Los ricos magnolios cubiertos con sus odoríferas flores, los acebos, las hayas, los altos álamos amarillos, el paisaje montañoso, incluso miraba con asombro la arcilla roja. Un cambio así en tan poco tiempo con frecuencia parece sobrenatural, y una vez más volvieron a rodearnos miles de reinitas y tordos. ¡Cómo disfrutaba de la naturaleza!

Mis ojos pronto advirtieron que nos sobrevolaba el largo tiempo anhelado elanio del Misisipi y también el elanio tijereta o gavilán tijerilla, pero nuestras armas estaban empaquetadas y solo pudimos anticipar el placer de conseguirlos muy pronto. Las cinco millas que caminamos se nos hicieron cortas. Al llegar encontramos al señor Pirrie en su casa. Estaba impaciente por conocerlo e inspeccioné sus rasgos empleando los parámetros de Lavater.[71] Nos recibieron muy amablemente.

4 de julio de 1821

Durante las diferentes excursiones que hemos realizado por estos bosques y según los informes de quienes considero aptos en materia de aves, he hecho las siguientes observaciones, a saber:

El arrendajo azul, *Corvus cristatus*, escasea en la baja Luisiana durante el verano; no he visto más de una decena contando todas nuestras salidas. El pasado abril, enormes cantidades de estas aves destrozaron las hileras de maíz de esta vecindad y los plantadores se vieron obligados a envenenarlas con maíz hervido con arsénico, que tuvo gran efecto; mataba a los ladrones al instante.

Jilguero americano, *Fringilla tristis*
He visto muy pocos durante el pasado invierno en los alrededores de Nueva Orleans. Ninguno en este momento. No se reproducen aquí.

---

[71] Johann Kaspar Lavater (1741-1801), el inventor de la fisionomía o frenología.

Oropéndola de Baltimore, *Oriolus Baltimore*
Esta ave no se encuentra en ninguna época del año.

Zorzal maculado, *Turdus melodus*
Muy abundante en los lugares habituales, por ejemplo, en bosques profundos y sombreados. Es el primer pájaro que canta al alba. Nunca he matado uno. Se corresponde con la figura de Wilson.

Zorzal robín, *Turdus migratorius*
Acude a este lugar en invierno en gran número y se vuelve muy graso. Es la distracción predilecta de todos los tiradores. Se marcha a principios de marzo.

Trepador pechiblanco, *Sitta carolinensis*
Pocos. He matado unos cuantos, anida aquí. Crías bastante crecidas. La primera nidada es a mediados de junio.

Trepador canadiense o sita de pecho rojo, *Sita varia*
No encontrado.

Carpintero de pechera común, *Picus auratus*
Muy abundantes.

Arrocero americano, *Emberiza americana*
No he visto ninguno.

Azulejo gorjicanelo, *Sylvia sialis*
Pocos, aproximadamente un par por cada plantación, anidan en agujeros de melocotoneros o manzanos.

Calandria castaña, *Oriolus mutatus*
Muy abundantes, como si hubieran escogido este país. He encontrado diecisiete nidos en las plantaciones del señor Pirrie con huevos

o crías, hemos ido tras ellos durante dos días. Las crías de muchos de ellos empezaron a volar a mediados de junio. Primera nidada. Un día me engañó uno que imitaba el trino del alcaudón americano y fui un buen rato tras él hasta que caí en mi error. Se posa en las copas de los árboles más altos en el bosque, una circunstancia muy poco habitual. La figura de Wilson tiene el pico mucho más grande y largo; la figura del huevo es también demasiado grande.

Alcaudón norteño, *Lanius excubitor*
Se han visto algunos durante el invierno.

Reyezuelo rubí, *Sylvia calendula*
Durante el invierno se han visto unos cuantos cerca de Nueva Orleans.

Alondra cornuda, *Alauda alpestris*
Ninguna en ninguna época del año.

Camachuelo picogrueso, *Loxia enucleator*
Ninguno.

Reinita de antifaz, *Sylvia marilandica*
Gran número de ellas en invierno, se marcha a principios de marzo.

Reinita grande, *Pipra poliglotta*
Aquí he visto tantas como en cualquier otro estado, es decir, una por cada plantación. Nunca he visto un ejemplar hembra.

Tángara del Misisipi, *Tanagra aestiva*
Suficientes.

Azulejo índigo, *Fringilla cyanea*
Suficientes. No tantos como en Kentucky o Pensilvania, pero más que en Ohio.

Candelita norteña, *Muscicapa ruticilla*
Muy abundantes. Crías muy crecidas a mediados de junio.

Ampelis americanos, *Ampellis americana*
Fue visto en primavera alimentándose con el fruto del acebo y se quedaron para cosechar el fruto de las bayas silvestres. Forma inmensas bandadas, extremadamente grasos. Desaparecieron todos al mismo tiempo.

Carpintero de Carolina, *Picus carolinus*
Tan abundantes como en cualquier otra parte.

Vireo gorjiamarillo, *Muscicapa sylvicola*
Nunca se han visto.

Camachuelo purpúreo, *Fringilla purpurea*
Durante el invierno se han visto varios cerca de Nueva Orleans. Siempre en pequeñas bandadas de unos cuatro o seis.

Agateador norteño, *Certhia familiaris*
No se ha visto.

Chochín criollo,
No se ha visto.

Carbonero cabecinegro, *Parus atricapillus*
Muy abundantes. Crías muy crecidas a mediados de junio.

Herrerillo bicolor, *Parus bicolor*
Ídem.

Chochín común, *Sylvia troglodites*
En invierno, muy numerosos en los pantanos de cipreses.

Pájaro carpintero cabecirrojo, *Picus erythrocephalus*
Abundantes. Crías muy crecidas el 15 de junio.

Chupasavia norteño
Unos cuantos en invierno.

Pico velloso
No se ha visto.

Pico pubescente, *Picus pubescens*
Pocos.

Sinsonte norteño, *Turdus polyglottos*
Muy abundantes. Anida en todo tipo de circunstancias. Se han encontrado nidos en las copas de árboles altos, en pequeños arbustos e incluso entre cercas donde la única protección es la barandilla que se encuentra inmediatamente por encima del nido. El huevo representado por Wilson[72] se parece muy poco a cualquiera de los que yo he podido examinar. Estas aves imitan de forma indiscriminada todos los sonidos de las aves. Se muestran muy afables con todas salvo con las aves rapaces, a las que persiguen durante largas distancias con aparente audacia. Pasan aquí el invierno.

---

[72] En el segundo volumen de la *Ornitología*, lámina 10, figura 1.

Colibrí de garganta roja, *Trochilus colubris*

Abundantes. Mucha gente nos ha asegurado que existen dos especies, una mucho más grande que la otra. Todavía no he visto ninguno y temo que esta afirmación pueda ser errónea. Estas aves son fáciles de capturar vertiendo vino dulce en los cálices de las flores. Caen intoxicadas. Wilson erróneamente afirma que estas dulces aves no cantan. He escuchado muchas veces su melodía de tono bajo con gran placer y os aseguro que si su voz fuera tan sonora como variada y musical, se consideraría superada por pocas especies.

Rascador zarcero, *Emberiza erythropthalma*

Vi unos cuantos en Nueva Orleans en invierno. En este momento no hay ninguno.

Cardenal norteño, *Loxia cardinalis*

Muy abundantes. Aumentan en número a medida que avanza la estación gracias a todos los que vienen procedentes del este para pasar aquí el invierno. Actitud muy depredadora ante la cosecha de maíz. Crías muy crecidas el 15 de junio. Segunda eclosión de la nidada.

Tángara roja, *Piranga rubra*

Abundantes, pero de ninguna manera permanecen confinadas en el interior de los bosques, muy al contrario, se posan en los altos árboles que bordean las plantaciones.

Tordo charlatán, *Emberiza oryzivora*

Su paso en dirección este se produce a comienzos de la primavera procedente de zonas más al sur. Se han avistado algunos en febrero y marzo de este año.

Vireo ojirrojo, *Sylvia olivacea*

Abundantes. Crías muy crecidas a comienzos de junio.

Cucarachero pantanero, *Certhia palustris*

Nunca he visto ninguno que se parezca al dibujo de Wilson, pero he matado muchos ejemplares que presentan las marcas y la forma de mis dibujos. Se han avistado algunos unas cuantas millas por encima de Nueva Orleans en abril, pero nunca cerca de los ríos.

Cucarachero de Carolina, *Certhia caroliniana*

Casi constantemente se los puede ver u oír. En el campo o en el bosque. Crías ya crecidas. Habitan en lugares húmedos.

Reinita gorjiamarilla, *Sylvia flavicollis*

Nunca he visto ninguna.

Tirano gritón, *Lanius tyrannus*

Abundantes. Crías ya crecidas.

Copetón viajero, *Muscicapa crinita*

Muy comunes. Crías ya crecidas. Muy miedosas y tímidas.

Mosquero verdoso, *Muscicapa querula*

Extremadamente abundante. Flanquea los caminos, desde donde se lanza a por las moscas que revolotean en los arbustos bajos.

Mosquero fibí, *Muscicapa nonciala*

Abundantes durante el invierno cerca de Nueva Orleans. En verano quedan algunos en las áreas montañosas de Luisiana.

Pibí oriental, *Muscicapa rapax*

Abundantes en los bosques. Esta ave caza más tarde que cualquier otra de todo su género. He escuchado su canto mucho después del anochecer.

Cuitlacoche rojizo, *Turdus rufus*

Muy pocos ejemplares. En lugar de residentes felices, parecen extraños desorientados. Pocas veces es posible ver más de uno.

Reinita hornera, *Turdus aurocapilla*

No se ve ninguna en verano. En cambio, son muy abundantes en los meses de invierno.

Pájaro gato gris, *Turdus lividus*

No he visto ninguno desde el pasado marzo, cuando a la caída de la tarde vi muchos en la hilera de los sauces del canal, el paseo público de Nueva Orleans.

Reinita castaña, *Sylvia castanea*

No he visto ninguna.

Reinita de Pensilvania, *Sylvia pennsylvania*

No he visto ninguna.

Reinita plañidera, *Sylvia philadelphia*

Nunca he visto ninguna.

Carpintero de cresta roja, *Picus querulus*

Solo he visto y matado uno, pero se metió en alguna parte y lo perdí. No son habituales cerca de las plantaciones, a menos que haga mucho frío. Se encuentran sobre todo en los bosques de pinos.

Trepador cabecipardo, *Sitta pusilla*

Nunca he visto ninguno.

Esmerejón, *Falco columbarius*

Nunca he visto ninguno.

Reinita aliazul, *Sylvia solitaria*
No he visto ninguna en este lugar.

Reinita de manglar, *Sylvia citrinnella*
Muy abundantes en los alrededores de Nueva Orleans a principios de marzo. Ágiles cazadoras de insectos entre los sauces. No encontré ninguna en el mes de marzo, supongo que para entonces ya se habrían dirigido hacia el este, donde su presencia es tan habitual en nuestros vergeles.

Chipe alidorado, *Sylvia chrysoptera*
No he visto ninguno en este lugar. Es un ave muy abundante en la parte inferior de Kentucky.

Reinita azulada, *Sylvia canadensis*
No he vuelto a ver estas aves desde que salí de Pensilvania. Muy numerosas en la parte inferior de ese estado entre abril y mayo.

Cernícalo americano, *Falco sparverius*
Muy común. Siempre anida en un agujero, generalmente en los de los carpinteros. Crías bastante crecidas. Sigue aquí a mediados de junio.

Chingolo campestre, *Fringilla pusilla*
Ninguno en este lugar.
En esta época del año no es posible ver gorriones de ninguna especie.

Reinita coronada, *Sylvia coronata*
Pasan aquí todo el invierno, muy abundantes. Las he visto día sí y día no. Incluso había unas cuantas en la ciudad de Nueva Orleans. En mayo no puede verse ninguna.

Reinita de antifaz, *Sylvia marilandica*
Abundantes durante el invierno, muy afables.

Papamoscas cenizo, *Muscicapa coerulea*
Abundantes durante el verano. Anidan en los sauces. Forman grupos pequeños de unos seis o siete. Recuerdan al mito europeo.

Vireo ojiblanco, *Muscicapa cantatrix*
El ave más común de todos nuestros bosques, crían dos nidadas por temporada. Crías ya crecidas a mediados de julio.

Ayer vi tres ibis escarlata sobrevolando la plantación.

Chotacabras de la Carolina, *Caprimulgus carolinensis*, hembra.

Ayer, 21 de julio de 1821, un indio de la Nación Choctaw que habitualmente caza para el señor Pirrie me trajo un ejemplar hembra de chotacabras de la Carolina con un plumaje perfecto y precioso. Medía un pie de largo, veinticinco pulgadas de envergadura alar, cola redondeada compuesta por ocho plumas, pero carece del blanco que Wilson menciona en las bárbulas anteriores de las dos plumas exteriores. El buche contenía las cabezas de muchos de esos bichos que se conocen comúnmente como tijeretas, uno de los cuales era grande y estaba curiosamente armado con dos pares idénticos de pinzas.

Estas aves por lo general abundan en esta parte de Luisiana, pero en este momento se ven muy pocas. No he podido ver ni una sola en ninguna de nuestras excursiones, que no suelen bajar de las veinte millas. Según nos han contado, varias semanas antes de nuestra llegada de día se podían oír sus trinos por todas partes en los bosques colindantes. Desde entonces se han visto y escuchado algunas, pero todas ellas han eludido mis esfuerzos por encontrarlas. Permanecen aquí hasta finales de septiembre; supongo que en esta época están muy ocupadas buscando alimento para sus crías, poniendo de esta manera fin a sus gritos. Muchos plantadores piensan que esta ave tiene la capacidad y el buen juicio de llevarse sus huevos cuando son descubiertos, a veces incluso pueden llegar a desplazarlos doscientas yardas. Normalmente los colocan en el suelo desnudo bajo un pequeño arbusto o junto a un tronco.

Vi tres de estas aves el 20 de agosto por la noche, mientras contemplaba la llegada de varios tántalos americanos. Su vuelo es ligero y recuerda al del atajacaminos común, pero planean justo por encima de las copas de las plantas de algodón. Me pasaron una y otra vez hasta que no pude ver otra cosa. Llevaba sin oírlas desde principios de junio.[73]

26 de julio de 1821

Ayer recibí un fardo de cartas procedente de Nueva Orleans. Cuatro eran de mi esposa, una de Benjamin Bakewell y una del señor N. Berthoud. Me temo que mi esposa no ha recibido mi paquete para el presidente que le remitió el capitán del carguero a vapor *Commerce*.

---

[73] El día 22, el capataz del señor Pirrie me trajo una preciosa hembra de esta ave a la que había disparado la noche anterior en un arbolito seco donde el chotacabras de la Carolina se había posado para observar a los insectos y atraparlos a medida que pasaban. Varias veces la vio elevarse y cazarlos a la manera que a menudo exhibe el sinsonte norteño, que hechiza a todo aquel que sus melodías escucha. La esposa de este hombre la había visto durante varias noches, tan hermosa, en el mismo lugar y haciendo lo mismo. El plumaje de estas aves es más claro u oscuro en función de si son más viejas o más jóvenes. Esta tenía muchos huevos diminutos y era muy grasa. En términos generales, encuentro que las aves de hábitos migratorios están en buen estado en esta estación. Tal vez podría concluirse que es un acto preparatorio necesario que la ayuda a soportar las fatigas y probablemente la inevitable falta de alimento durante sus viajes. El estómago de esta contenía saltamontes enteros, bichos bola, grillos de tierra y dos de esos insectos alados largos que los franceses llaman escarabajos. Como ocurre con la mayoría de las aves en esta época, muchas de las plumas de la cola y de las alas estaban desgastadas por la muda.

Hoy he observado que un ejemplar macho de calandria castaña al que había herido en la punta del ala y enjaulado ha tenido violentas convulsiones de hasta diez minutos cada una. Atribuyo este hecho a los esfuerzos poco habituales que realizó para poder escapar a través del alambre de la parte superior de la jaula.

Aun así, ha comido generosamente fruta y también arroz.

Ayer vi un halcón desconocido de gran tamaño que a simple vista me pareció un azor común, pero de pronto se arrojó sobre unas palomas y pude verlo bien. No reconocí en él ninguna de las veintidós especies que conozco. Nuestras armas estaban descargadas y lo perdí.

Desde hace dos semanas las golondrinas purpúreas exhiben una línea de conducta que me resulta totalmente novedosa, además de extraordinaria. Todas las mañanas aparecen unas cincuenta, las cuales residen en cajas dispuestas a tal efecto, reunidas en lo alto de un árbol seco próximo a la casa. Allí permanecen desde las ocho hasta la hora de comer, sobre las dos de la tarde. Se divierten en el patio y a continuación desaparecen y pasan la noche en otro sitio que no sé cuál es, lo único que he sacado en claro es que siempre que se marchan vuelan en dirección oeste. Regresan al amanecer todas las mañanas. ¿Pasan la noche muy lejos de aquí en árboles altos? ¿O vuelan de un lado para otro para probar si disponen de la capacidad necesaria para emprender una larga travesía? Supongo que se trata de la primera opción.

Los buitres negros americanos se muestran sumamente apegados a los árboles secos donde construyen sus nidos; pasan todas las noches de verano siempre en el mismo. Se marchan a última hora de la mañana. Cuando recorren largos trechos recuerdan al pavo: baten las alas ocho o diez veces, planean unas cincuenta yardas y las vuelven a batir.

Las aves migratorias de casi todos los géneros empiezan a marcharse en cuanto las crías están plenamente capacitadas. Hoy he visto grandes bandadas de tiranos gritones yendo hacia el sur.

29 de julio de 1821

Ayer, durante un paseo, tuve la suerte de toparme con varios carpinteros de cresta roja. Nos adentramos en el pinar y conseguimos dos machos preciosos, ambos vivos y ligeramente dañados en el ala. En un día tranquilo, el singular trino de esta ave puede oírse a una distancia considerable. Su modo de articular recuerda al del pico velloso, pero es mucho más estridente y sonoro. Los altos pinos son su guarida favorita y raras veces se posa en otro tipo de madera. Sus movimientos son rápidos, elegantes y eficaces. Se desplaza en todas direcciones, tanto a lo largo del tronco como por las ramas, buscando astutamente insectos bajo los trozos desprendidos de la corteza. Es un ave más tímida que cualquiera de las de su género, observa con atención los movimientos que suceden por debajo y siempre permanece en el lado opuesto, mirándonos con mucha atención. El segundo al que disparé no malgastó ni un instante en pensar en su desgracia, porque nada más tocar suelo saltó rápidamente al árbol más próximo, y habría alcanzado lo más alto enseguida si no me hubiera apresurado a atraparlo. Se defendió con valor y me picoteó los dedos con tanta fuerza que me vi obligado a dejarlo marchar.

Los metí debajo del sombrero y se quedaron quietos, tercos. Los miré varias veces y vi que intentaban esconder la cabeza como si se avergonzaran de haber perdido la libertad. Se sobresaltaban con el sonido de mi arma cada vez que disparaba y ambos emitían trinos quejumbrosos.

Por el dolor de la herida o por el calor que hacía dentro del sombrero, uno de ellos murió antes de que regresáramos a la casa del señor Pirrie. Metí al otro en una jaula. Lo primero que hizo fue examinar las instalaciones dando saltitos buscando la forma de escapar, para lo cual hizo uso de su pico cincelado con gran destreza. Lanzaba a derecha e izquierda los trocitos que iba cortando y al final logró llegar al suelo, correteó hasta la pared y trepó por ella con la misma facilidad que si se apoyara en la corteza de su pino favorito, picoteando los ladrillos y tragándose todos los insectos que encontraba a su paso. A menudo he podido observar que busca debajo de las grietas y en las pequeñas estanterías de la tosca pared, y así es como lo he dibujado. Lamento concluir que el dibujo del señor Wilson no pudo estar hecho del natural con un ave recién matada, y, en caso de que así fuera, entonces su cabeza se hallaba en muy mal estado, porque él sitúa la pequeña franja de plumas rojas de la cabeza justo por encima del ojo, cuando en realidad ahí se observa una línea blanca. El rojo se encuentra en la parte posterior del parche auricular. La totalidad del ala no reproduce en absoluto las marcas que presenta esta ave. Los laterales del pecho están asimismo mal representados: en la naturaleza, las líneas son solamente longitudinales y muestran más cuerpo. El aspecto de estas aves posadas en los pinos puede llevar a suponer que son totalmente negras, pues con frecuencia la línea roja está tapada por las plumas de la cresta en un ejemplar vivo. La primera vez que encontré esta especie fue a pocas millas de Nashville, de camino a Filadelfia en 1806, y seguí viéndolas de tanto en tanto hasta que dejé atrás la primera cadena montañosa, llamada Cumberland. No puedo opinar sobre su nido o el tiempo de incubación. Según he podido saber, en los inviernos particularmente severos abandonan los bosques de pinos y se acercan a las plantaciones. La longitud de los dos que examiné con atención era de 8,5 pulgadas, 14,5 pulgadas de envergadura alar, la molleja estaba llena de cabezas de hormigas pequeñas y unos cuantos insectos diminutos. El ave desprende un intenso olor a pino. Como espero conseguir pronto una hembra, es probable que con su descripción pueda ofrecer más información.[74]

También he disparado a una cría de garza blanca que estaba completamente desprovista de las sedosas plumas escapulares, pero su nivel

---

[74] Esta tarde he terminado mi dibujo del carpintero de cresta roja y estoy satisfecho de su exactitud al compararlo con el original vivo. Lo he puesto en libertad y me alegra pensar que lo más probable es que le vaya bien, porque ha llegado a volar entre cuarenta y cincuenta yardas. Su regreso a la libertad parecer haberle proporcionado un gran descanso.

de crecimiento era tan óptimo que incluso en esa etapa podría confundirse con un ave de otra especie. He matado dos crías de garceta nívea que iban acompañadas de una adulta. Ninguna poseía las plumas ladeadas de la espalda, y las patas y los pies tenían un color amarillo verdoso en lugar de la pata negra y los pies intensamente amarillos. Hay quienes han visto chorlitejos colirrojos, martines pescadores, una garcita verdosa y un tordo ferruginoso. Todos ellos suelen preferir los cauces de agua que bordean las tierras bajas.

Las golondrinas purpúreas que abandonan a diario este lugar se agrupan en una parcela que se encuentra a unas cinco millas de Thompson's Creek. Estoy seguro de que alzarán el vuelo desde allí cuando se marchen en el invierno.

Miércoles, 1 de agosto de 1821

Anoche nos despertó un sirviente y me pidió que me levantara y me vistiera para acompañar a la señora Pirrie a casa de un vecino moribundo. La casa se encontraba a una milla de distancia. Fuimos pero llegamos más bien tarde, porque el señor James O'Conner ya había muerto. Tuve el disgusto de tener que quedarme haciendo compañía al cuerpo lo que restaba de noche. En este tipo de situaciones, el tiempo avanza muy despacio, y me imaginaba tan quieto como el halcón que se cierne en el aire sobre su presa. El pobre hombre había bebido de tal manera que había alcanzado el sueño eterno; descanse su alma en paz. Hice un buen boceto de su cabeza y me marché. Las mujeres estaban ocupadas preparando un solemne almuerzo. Hace mucho calor. El termómetro marca casi treinta y cuatro grados. En lo que llevamos de estación aún no ha superado los treinta y cinco y medio.

Una gallina que vigilaba a su prole ha matado hoy a nuestro cernícalo americano. Nero se había vuelto extremadamente temerario. Se arrojaba sobre un pato adulto como si creyera que todos debían estar a su merced cuando estaba hambriento. Volaba libremente por la finca, capturaba saltamontes con gran facilidad y en nuestros paseos diarios atrapaba al vuelo a los desafortunados pájaros pequeños que se lanzaban hacia él para obtener alimento. Rechazaba la carne putrefacta, nunca se acercaba a los carpinteros y cada día recibía murciélagos y ratones. Había crecido hasta convertirse en el hermoso ejemplar que era después de asemejarse a un fardo de algodón en movimiento. Navegaba con las aves silvestres de su especie y se retiraba todas las noches a la parte superior interna de un ceñidor en la habitación del señor Pirrie. Rara vez empleaba la entonación de las aves adultas, en su lugar emitía siempre su «*cri, cri, cri*».

He dejado en libertad a nuestra calandria castaña al constatar el estado melancólico en el que se había sumido tras la marcha de todos los demás miembros de su tribu. No tengo duda de que esta especie puede vivir enjaulada sin mayor problema, y sus alegres cantos ciertamente compensarían los cuidados prestados en concepto de comida y bebida.

Sábado, 4 de agosto de 1821

Reinita de Luisiana, *Sylvia ludovicianna*

Esta mañana he disparado a la misma ave, o a una del mismo tipo, a la que ayer perseguí ávidamente pero sin éxito, y me he puesto muy contento al descubrir que se trata de una nueva especie. Durante mi persecución de ayer voló bruscamente de un árbol o arbusto a otro, pero no lo hacía por miedo, sino como si estuviera impaciente por obtener alimento, con las alas suspendidas de una forma muy parecida a como hace la reinita encapuchada, y mantenía la cola constantemente extendida como la candelita norteña. La única nota que repetía era un simple, único y delicado pío. Era tan rápida que tuve muchos problemas para dispararle. Nunca antes había visto esta ave y por supuesto considero que hay muy pocas. Me atrajo su canto, como ocurre siempre con cualquier nueva especie. Me gustaría conocer mejor sus hábitos. Longitud total: cinco pulgadas. Envergadura alar: ocho pulgadas. Toda la parte superior es de un intenso amarillo oliva, más pronunciado en el cinturón escapular y en la espalda. Las plumas de las alas son negras ribeteadas en vivo oliva. Cola muy redondeada compuesta por doce plumas; las primeras tres exteriores de cada lado son negro parduzco en los bordes y amarillas en la parte interior. Estos bordes se ensanchan a medida que dan paso a las plumas centrales, que son de un marrón oscuro casi negro ribeteadas en oliva. Las plumas cobertoras inferiores son de un amarillo intenso. Las plumas cobertoras de la cola son del mismo color y muy largas.

Ojos grandes, iris de color marrón oscuro. La parte superior del pico está coloreada con el verdadero color de la reinita y es arcilloso en la inferior, muy afilado con unas pocas cerdas negras, lengua bífida y delgada. Patas, pies y garras de color arcilla amarillenta. En la disección se vio que era un varón, extremadamente graso. La molleja contenía restos de orugas, pequeños escarabajos y diversos tipos de moscas pequeñas, además de unos cuantos granos de arena fina.[75]

Domingo, 12 de agosto de 1821

Por la mañana, después de un desayuno temprano, hemos salido a explorar un conocido lago a unas cinco millas y media de la casa, donde nos habían asegurado que encontraríamos muchas y muy buenas

---

[75] El 29 de agosto vi dos de estas aves. Hoy, un macho y una hembra a los que me acerqué y examiné con gran atención durante algunos minutos. Estaban en una parte baja, húmeda y en sombra del pantano. Maté a la hembra y la he añadido a mi dibujo del macho. Estaba ansioso por conseguir a su compañero, pero la descarga de mi arma lo alarmó de tal forma que se alejó volando y no pude verlo más. Estas aves se asemejan a las crías de la reinita del manglar en buena parte de su plumaje, no así en su comportamiento. Es una especie que se ve muy raramente.

aves. El paseo hasta allí ha sido agradable, principalmente a través de bosques de magnolios. Hemos matado dos patos joyuyos en un pequeño estanque que no pudimos llevarnos a causa de la profundidad del hoyo, pero han sido sumamente bien recibidos por dos busardos hombrorrojos que se los han llevado delante de nuestras narices. Estos últimos son las únicas aves de este tipo que he visto en esta época del año en esta parte de Luisiana. Hemos visto una araña de vivos colores que acababa de encontrar un tábano enredado en su red. Ha llegado hasta él y en un segundo ha quedado cubierto con la seda que guarda en su bolsa. Al tiempo que la disparaba a chorro ha envuelto al tábano hasta que el conjunto ha asumido la apariencia de una bolita alargada de seda blanca. La araña entonces ha regresado al centro de su nido; sin duda esta es una forma de preservar los insectos cuando la araña no está hambrienta. Pasadas las crestas montañosas hemos descubierto un paisaje muy distinto. Sobre todo se veían altos cipreses, blancos y rojizos, con sus miles de copas erguidas como si fuesen panes de azúcar. Nuestro deseo de ver el lago nos ha llevado a abrirnos camino a través del agua y de un fango denso y profundo. Por fin lo hemos alcanzado y hemos visto varios caimanes grandes moviéndose lentamente en la superficie. Nuestra llegada no les ha perturbado lo más mínimo.

He visto un ibis blanco americano posado en un tronco. Ha permanecido mucho tiempo allí acicalándose con mucha destreza las plumas ayudándose de su pico en forma de guadaña. Podría haberlo matado, pero carecía de embarcación y he tenido miedo de enviar a un perro al agua, por lo que lo he dejado pacíficamente apoyado.

He visto gran cantidad de reinitas protonotarias entre los arbustos bajos del pantano. Muchas reinitas gorjiamarillas, cuyo comportamiento es idéntico al del agateador americano, es decir, se mueve rápidamente alrededor, por encima y por debajo de las ramas y los troncos de los cipreses, y vuela velozmente a la manera de los agateadores norteños, posándose por lo general en la parte baja del tronco y ascendiendo desde ahí en busca de pequeños insectos. El aspecto de estas aves es tan similar al del chipe trepador que si una de ellas no hubiera volado directamente hacia mí, no habría descubierto la hermosa garganta amarilla y no habría disparado a ninguna. Sin embargo, lo hice y me hallé en posesión de un hermoso macho que se correspondía con la descripción de Wilson: cinco pulgadas de largo y 8,25 de envergadura alar. Al diseccionarlo, era un pájaro muy graso, igual que todas las reinitas a las que ahora disparamos, y la molleja estaba llena de caparazones de diminutos insectos. Este vivaz y precioso pajarillo está tan encariñado con los cipreses que tuve la tentación de llamarlo reinita de los pantanos de cipreses, cuando en realidad solo se encuentra en esta parte del país.

Tuve asimismo la buena fortuna de disparar a un ejemplar macho de reinita verde azulado.[76] Hace una semana disparé a una, pero no logré encontrarla. En ese momento éramos cinco, y a escasa distancia de donde yo estaba, el señor Wilson había matado una hembra en el río Cumberland, la única en toda su vida. Hace un par de meses descubrí una en un pequeño pantano cerca de la casa del señor Pirrie. El canto de estas aves es dulce y sin duda se reproducen en este lugar. Se parece mucho a la reinita cerúlea y se cuelga boca abajo por los pies como esta y como el herrerillo. Solo he visto a la que he disparado hoy, y con todo lo que sé podría dibujarla antes de que el calor la eche a perder antes de volver a casa.

Longitud de este macho: cinco pulgadas. Envergadura alar: 7,75 pulgadas. Un colorido más intenso y brillante que el de la hembra de Wilson, incluso las plumas de la cola exhiben un poco de blanco en la bárbula interior, excepto en las dos centrales. Era un pájaro tan graso y de una naturaleza tan sólida que se cortaba igual que la grasa de borrego. La molleja estaba atestada de pequeños insectos marrones con caparazón y de restos del mismo tipo de insectos que abundan en los cipreses de estos pantanos.

---

[76] La reinita verde azulado, *Sylvia rara,* es la cría macho de la reinita cerúlea, *Sylvia cerulea. (N. de la T.).*

He disparado a una parkesia. Son muy abundantes en este lugar.

He vuelto al lago que visitamos el domingo pasado y estoy satisfecho de haber reconocido que el sonido que oímos el domingo y que tomamos por el canto lastimero del pibí oriental era en realidad el de una cría de elanio del Misisipi que esperaba el regreso del padre con alimento. Parece que esta cría ha permanecido en el mismo árbol donde la escuchamos la otra vez sin llegar a descubrirla. Esta mañana me he fijado en una larga enredadera que casi tocaba la copa del árbol y de pronto he podido escuchar el mismo ruido sin saber de dónde procedía exactamente. Me he encaminado hacia allí con la vista fija en las ramas más altas. De repente he advertido algo que parecía un palo seco en posición transversal en una rama. Lo he observado con atención y he comprobado que se movía. Le he disparado y el ruido ha cesado, pero el pequeño elanio del Misisipi ha cerrado las alas, destruyendo la apariencia de palo seco que había tenido antes de mi disparo. Esperaba que cayera. Sin embargo, no ha tardado en volver a gritar y entonces he visto a un elanio adulto que traía alimento, uno de esos saltamontes que abundan en las llanuras del Misisipi. Se ha posado junto a la cría pero esta estaba demasiado malherida para apreciar la comida. La madre parecía muy angustiada y después de varios intentos para conseguir que la cría lo tomara, lo ha soltado y, agarrando a la cría por las plumas de la espalda, se la ha llevado con facilidad hasta otro árbol que quedaba a veinticinco yardas. La he seguido y he matado a ambos de un solo disparo. La cría, en lugar de tener la cabeza azul ceniza claro como la madre, la tenía de un bonito *beige*. El resto del cuerpo era casi negro. Tenía intención de dibujarlos a ambos y los he ocultado a propósito debajo de un leño, pero cuando he querido volver a por ellos algún cuadrúpedo los debía de haber descubierto y se los había comido. He lamentado mucho su pérdida. La cría era casi adulta. He visto varias parejas de carpinteros reales y he matado un hermoso macho. Luisiana aporta todo el género *Picus* de los Estados Unidos.

He llegado al pantano y he visto gran número de aves pequeñas. He matado una nueva especie de copetón viajero *Muscicapa* que os describiré mañana cuando termine su dibujo. He tenido la fortuna de ver dos que eran muy parecidos; se estaban peleando cuando los disparé, pero solo uno de ellos cayó. No puedo decir nada más sobre esta preciosa ave porque es la primera vez en mi vida que la veo.

A escasos pies de allí he visto una hermosa reinita plañidera, pero estaba tan hundido en el barro que no podía retroceder sin alarmarla y he preferido contemplarla mientras me observaba inocentemente, con la esperanza de observar su vuelo desde tan cerca, pero se ha movido emitiendo un pío y ha desaparecido de mi vista en un instante. Me he quedado muy decepcionado al perder la única oportunidad hasta la fecha de conseguir este pájaro tan extraño.

He disparado a varias reinitas gorjiamarillas, todas iguales y todas macho. Los bosques están llenos de ellas y, aun así, no he podido disparar a una sola hembra. Se desplazan lateralmente por las ramas de los cipreses con saltitos muy rápidos. A menudo se cuelgan del extremo de las ramas como el herrerillo y corretean arriba y abajo por el gran tronco, igual que los trepadores. He matado muchas reinitas de manglar, he visto muchas reinitas protonotarias, varias parkesias, que considero muy parecidas a las reinitas y cuyas costumbres imitan en gran medida, además de tener el mismo pico. Los caimanes son tan numerosos como antes y se dedican a tomar el sol, que hoy es más sofocante de lo habitual. He visto varios ibis a una distancia prudencial en sus habituales y aburridas posturas.

Mi pequeño copetón viajero solo tenía un ala tocada. Cuando he ido a recogerlo, ha extendido la cola, ha abierto las alas y ha chasqueado el pico unas veinte veces, igual que hacen muchas aves de su especie cuando capturan un insecto, en particular aquellas que están más cerca de ser el estándar de su género. Pocas veces he visto un ave tan pequeña con unos ojos tan grandes y hermosos. La he llevado a casa de don James Pirrie y he tenido ocasión de dibujarla mientras estaba viva y animosa. A menudo se desprendía de mis dedos de forma repentina e inesperada y se ponía a dar saltitos por la habitación, con la misma rapidez que habrían demostrado el cucarachero de Carolina y el chochín común, emitiendo sin descanso su pío, pío, pío y chasqueando el pico cada vez que lo apresaba. Lo he encerrado en una jaula durante un instante pero estaba empeñado en forzar la parte delantera de su cabeza a través de la parte inferior de los alambres, de modo que lo he liberado, pero le he obligado a pasar la noche recluido en mi sombrero, impaciente por verle realizar nuevos movimientos.

Joseph no se encuentra bien. Le duele la cabeza.

Longitud de la reinita de los pantanos de cipreses, *Muscicapa rara*: 5,25 pulgadas. Envergadura alar: 7,75 pulgadas. Toda la parte superior presenta un bonito color ceniza que a lo lejos se confunde con azul. La parte frontal de la cabeza tiene mezcla de amarillo y una línea del mismo color bordea el ojo, que es muy grande. Iris marrón oscuro, pupila negra. Entre el ojo y el pico y por debajo del ojo hay una sombra ceniza un poco más oscura. Las cobertoras de la cola son más ligeras que las de la espalda, cola ligeramente bifurcada compuesta por doce plumas, todas de color ceniza marrón con rayas marrón oscuro, igual que las de las alas. Las coberteras inferiores de la cola son largas y blancas. Amarillo limón sin sombreado en la garganta, el pecho, el vientre y la cloaca. Pecho con motas negras formando pequeñas cadenas que van hasta el comienzo del álula. Pico ganchudo en la punta y ancho en la base. Patas, pies y garras color cuerno; estas últimas son largas y afiladas. Orificios nasales muy prominentes, lengua muy dentada. Boca de color carne y decorada por fuera con numerosas cerdas largas y negras. Resultó ser un macho. Molleja carnosa llena de alas de diferentes insectos. Mejillas también de color ceniza. Mi dibujo de él es excelente. Por la mañana el ave estaba muy debilitada, por lo que la he matado e introducido en *whisky*.

Lunes, 20 de agosto de 1821

He pasado casi toda la noche persiguiendo un tántalo americano y, a pesar de que maté uno, por la mañana no he conseguido dar con él. Sin duda algún zorro o mapache le habrá dado un buen repaso. Vi que llegaban cuatro, navegando y batiendo las alas alternativamente. Tenían el cuello y las patas extendidas y sobrevolaron las copas de los árboles nada más ponerse el sol. No emitían ningún canto. Se posaron en las ramas más altas y grandes de los árboles secos en una gran plantación de algodón, escondieron el cuello y la cabeza entre las escapulares y quedaron de pie perpendicularmente. Cada tanto se acicalaban las plumas del pecho como si quisieran que el inmenso pico descansara sobre él. Me acerqué a ellos hasta que los tuve justo por encima de mi cabeza, pero no se inmutaron. Cuando oscureció disparé al más grande, que abrió las alas y planeó hasta el suelo sin lanzar un solo gruñido. Los demás alzaron el vuelo y se posaron en otros árboles. La oscuridad de la noche me impidió volver a verlos y me obligó a ir a por el que sin duda había matado. Después de una larga búsqueda que ha comenzado esta mañana al amanecer he tenido que regresar, fatigado y muy decepcionado. El dueño de la plantación y los negros me han asegurado que durante muchos años estas aves —había veces en las que podían llegar a juntarse hasta sesenta y setenta mientras que otras se limitaban a unas pocas— acudían durante todo el año a posarse en estos árboles secos, a excepción de unas pocas semanas a comienzos de la primavera y en invierno, aunque no han podido determinar los meses con exactitud. Hace unas dos semanas mataron a tres de ellos. Los negros afirman que su carne era excelente.

Mientras aguardaba sentado la llegada de estas curiosas aves he visto varias bandadas de ibis blancos americanos y de garzas azuladas desplazándose desde el lago hasta su lugar de encuentro y descanso: un gran banco de arena en la desembocadura de Thomson's Creek, que se vacía pocas millas por debajo de Bayou Sarah. Los primeros volaban en fila única y en silencio. Las garzas azuladas lo hacían formando un ángulo agudo mientras la nota de la marcha, un simple cua, pasaba del primero al último; a estas se las reconoce fácilmente por el cuello retraído y por su canto, mientras que los primeros siempre mantienen el cuello completamente estirado.

Estos pasos se producen cada noche desde una hora antes de la puesta de sol hasta que oscurece, cuando los ruidos de unas y la blancura absoluta de los otros son la única evidencia de los esfuerzos que aún están en marcha.

25 de agosto

He terminado de dibujar un buen espécimen de serpiente de cascabel que medía cinco pies y medio, pesaba tres kilos y tenía diez cascabeles.

En mi afán por dibujarla en la postura que resultase más interesante a ojos de los naturalistas, la he colocado en la posición que suele adoptar este reptil cuando está a punto de infligir una grave herida. Había examinado muchas veces con anterioridad los colmillos de esta serpiente y su posición entre los huesos superiores de la mandíbula, pero nunca había visto una que enseñara todos al mismo tiempo. Hasta ahora creía que lo más probable era que la mayoría de los especímenes reemplazaran estos colmillos superiores; pensaba que podrían caerse periódicamente a medida que el animal mudaba la piel y los cascabeles. No obstante, al extirparlos del ligamento por medio del cual están sujetos a los huesos de la mandíbula, los he hallado firmes y creo que permanentemente unidos de la siguiente manera: dos colmillos superiores a continuación del labio superior (hablo tan solo de un lado de la mandíbula) bien conectados a su base y discurriendo en paralelo a lo largo. Había aperturas en la parte superior e inferior de la base de los colmillos por donde canaliza el veneno y lo expulsa, una muy cerca de la punta afilada de la parte interior de los colmillos. Los dos colmillos siguientes estaban cerca de un cuarto de pulgada por debajo y discurrían de la misma manera, pero solo contaban con una apertura en la base de la parte inferior de cada uno, y la de la punta, que expulsa el veneno sobre la presa. El quinto es bastante más pequeño y también se sitúa en torno a un cuarto de pulgada por debajo, solitario. Presenta las mismas aperturas que los segundos. Desde el vientre hasta la parte inferior de la boca, donde terminan, conté ciento setenta escamas. Y veintidós desde la cloaca hasta la cola. Confío en que mi dibujo os dará una buena idea del aspecto de una serpiente de cascabel, aunque el calor no me permite pasar más de dieciséis horas dibujando. La señorita Eliza Pirrie, mi afable alumna, también ha dibujado la misma serpiente. Con mucho gusto menciono ahora su nombre, confiando en poder recordar a menudo su afectuosa disposición y los días felices pasados a su lado.

10 de octubre

He enviado cien dólares a la señora Audubon.

20 de octubre de 1821

Hoy por la mañana, sobre las seis, hemos salido de la plantación del señor Pirrie rumbo a Nueva Orleans. Hemos alcanzado este lugar el lunes 21 a las dos de la tarde, pero antes de bajar a la ciudad debo hacer una pausa y ofreceros un breve resumen de los incidentes más destacados que han sucedido durante nuestra estancia en Oakley, que es como se llama la plantación de James Pirrie.

Tres de los cuatro meses que allí vivimos transcurrieron con apacible tranquilidad. Todos los días impartía clases de dibujo, música, baile y aritmética a la señorita Pirrie, además de conocimientos triviales sobre el tratamiento del pelo, la caza y el dibujo de mis queridas aves de América. Casi nunca ponía pegas a la hora de estudiar. No parecía interesada ni se mezclaba con las constantes visitas temporales que se dejaban caer por allí. Nos consideraban unos buenos hombres y de vez en cuando la señora de la casa nos lanzaba miradas entusiastas; incluso a veces también la señorita Eliza, que era más circunspecta, nos miraba con aprobación. Recibimos la visita del gobernador Robertson y me formé una opinión aún más firme que la que tenía antes sobre la afabilidad de ese hombre y su fortaleza mental. Lo considero un verdadero filósofo de nuestro tiempo. También vino a visitarnos John Clay, el hermano de Henry Clay, vecino de Nueva Orleans. Me pareció un hombre bueno y de trato amable. El acaudalado William Brand,[77] un personaje bastante peculiar, también pasó algunos días en esta casa y se casó en las proximidades. Todos se mostraron muy educados con nosotros.

La señorita Pirrie no tenía ningún admirador en particular de su belleza, pero en cambio sí había algunos hombres que ansiaban su fortuna, entre ellos un tal señor Colt, un joven abogado que parecía muy apremiante pero a quien en ocasiones recibían de forma descortés.

El señor Pirrie, un hombre inteligente pero de costumbres muy débiles que a veces degeneraban hasta el grado de la embriaguez, un rasgo notable entre los de su clase, en tales ocasiones no se asociaba con nadie ni exhibía la conducta del demente al hallarse bajo su paroxismo. Cuando está sobrio es un hombre realmente bueno, un masón, generoso y divertido. Su mujer se ha hecho rica a fuerza de diligencia. Es una mujer extraordinaria. Generosa, aunque hay momentos en los que por pura ignorancia cede al impulso de sus violentas pasiones. Aficionada a interrogar a su marido y a idolatrar a su hija Eliza.

Eliza, de quince años, tiene buena figura, pero no es guapa de cara. Está orgullosa de su riqueza y de sí misma, no se le pueden dedicar muchos elogios. ¡Sabe Dios cuánto traté de agradarla en vano!

---

[77] William Brand (1778-1849), contratista de la construcción y arquitecto de Nueva Orleans.

¡Y sabe también Dios que he jurado no volver a dedicarme en cuerpo y alma de esta manera a ningún otro alumno! Por norma general me tocaba hacer las dos terceras partes de todo su trabajo. Claro está, sus progresos eran veloces a ojos de los demás y verdaderamente sorprendentes a ojos del buen observador.

Había una hermana, la señora Smith, pero no puedo decir que la conociera o, más bien, nunca quise conocerla. Su temperamento recordaba al de la madre, pero no tenía un corazón tan bueno. Sin embargo, a Dios le pido que perdone el daño que me causó.

Su marido era un ciudadano bueno y honesto, consciente de todas las carencias de su esposa. Se casó haciendo gala de una paciente amabilidad y halló recompensa en la rectitud de su propia conducta. Yo lo admiraba mucho.

Allí conocí a la señora Harwood, de Londres, Inglaterra. Una buena mujercita que era muy amable con nosotros y remendaba nuestra ropa de cama y demás. Tenía una hija, una dulce niña de cinco años a quien la señorita Pirrie odiaba. También le disgustaba sobremanera una tal señorita Throgmorton; las damas estuvieron a punto de expulsar a esta pobre chica, igual que a nosotros, aunque había sido invitada a pasar allí todo el verano.

Aproximadamente un mes antes de nuestra marcha, la señorita Pirrie cayó gravemente enferma. Era la única hija que quedaba sin casar y la segunda de siete hijos, cinco de los cuales habían muerto en el transcurso de muy pocos años. Mucho se temía por la supervivencia de esta, y sin duda cuidaron de ella en exceso. La mantuvieron en la cama hasta mucho después de su convalecencia y durante largo tiempo no le permitieron dejar la habitación. Perdió mucho peso y su forma de hablar se volvió indescifrable. Todo debía hacerse con la máxima suavidad para no herir sus sentimientos. Su médico, el hombre a quien ella amaba, no le permitía retomar sus pasatiempos conmigo y expresó a la madre su rechazo, por considerarlo del todo inapropiado, a que Eliza dibujara y escribiera hasta pasados algunos meses. En cambio, podía comer todo lo que le apeteciera; semejante extravagancia parecía no tener límites. Comía tan desmesuradamente de todo lo que se podía adquirir que sufrió varias recaídas febriles. Durante su enfermedad me permitieron visitarla en determinadas horas concertadas, como si yo fuera el extraordinario embajador de alguna corte lejana. Debía comportarme con el mayor de los decoros y creo que ni una sola vez en los cuatro meses que allí pasé me reí con ella.

La señora Pirrie me despidió el 10 de octubre. No tenía ninguna gana de regresar a Nueva Orleans tan pronto y le rogué que me dejara quedarme ocho o diez días más si la familia tenía a bien considerarnos visitantes. Accedieron y continué mi intensa dedicación a la ornitología, escribiendo cada día desde que me levantaba hasta que me acostaba, corrigiendo, organizando todas mis ideas a partir de las notas desperdigadas y publiqué parcialmente todas mis aves terrestres. Me sorprendió la gran cantidad de errores que encontré en la obra de Wilson. He tratado de mencionarlos con cuidado y lo menos posible, a sabiendas del buen deseo de aquel hombre, de la prisa que tenía y de los muchos rumores de los que tuvo que depender.

Durante todo este tiempo, sin embargo, pudimos percibir una notable frialdad por parte de las damas hacia nosotros. Las veíamos muy poco, solo en la mesa, e incluso entonces su mirada estaba lejos de contribuir a mi alegría de espíritu, que por desgracia estuvo muy bajo durante toda mi estancia allí. La señora Smith me tenía gran aversión y un día, cuando estaba ocupado terminando un retrato de la señora Pirrie que había comenzado su hija Eliza, la señora Smith se refirió al cuadro y a mí mismo empleando los insultos más groseros, y a partir de ese momento no volvió a mirarme a los ojos.

En otra ocasión, estalló en unas ridículas risotadas en la mesa cuando su buen marido intervino para decirle que debía enmendar su conducta. Me levanté de la mesa porque no estaba dispuesto a escuchar más tonterías.

Llegó el sábado y fue necesario hablar de la compensación monetaria. Les cobré quince de los días que la señorita Pirrie había estado enferma. El total ascendía a doscientos cuatro dolares y la señora Pirrie, en un perfecto arranque de rabia, me acusó de engañarla con veinte dólares de más. Mi calma aguantó todos los gritos que salieron de su boca y me limité a repetirle el mutuo acuerdo al que habíamos llegado sobre esta cuestión hacía tiempo. Calculé la factura y se la envié al señor Pirrie, que en aquellos momentos se afanaba en uno de sus desafortunados ataques de embriaguez.

Vino a verme, se disculpó muy amablemente por la conducta de su esposa, ordenó a su yerno, el señor Smith, que me pagara y me trató con toda la cortesía de la que está dotado. El señor Smith elogió mi firmeza. De manera que todo salió bien.

Aquel día las damas se marcharon temprano a St. Francisville sin ofrecernos ningún *adieu*. Simplemente esperaban no encontrarnos más allí a su regreso esa misma noche. Sin embargo, debo decir que se llevaron un buen chasco, porque el señor Pirrie nos pidió que nos quedáramos alegando que a la mañana siguiente alcanzaríamos sin ningún problema el barco de vapor antes de que zarpara. En el transcurso de aquella tarde, la señora Pirrie mandó llamar a Joseph y le regaló un traje completo muy elegante que había pertenecido a su hijo fallecido, pero yo me negué en rotundo a que lo aceptara, conociendo demasiado bien la mala fama que pueden llegar a adquirir algunos regalos. Tampoco estaba dispuesto a que se viera disminuido el respeto que mi compañero sentía hacia sí mismo, un respeto que creo necesario para todo hombre —independientemente de lo pobre que sea— que es capaz de satisfacer sus propias necesidades gracias a su talento, su salud y su iniciativa.

Lamentablemente, algunas noches había demasiada gente, y después de la cena salimos de la estancia adonde habíamos acudido tras levantarnos de la mesa y donde el señor Pirrie y el señor Smith se habían unido a nosotros, para ir a despedirnos de las mujeres de la familia. Mi entrada en aquel círculo careció de la viveza y el buen ánimo de los que antes había disfrutado en tales ocasiones. Me habría gustado ahorrarme la fatigosa ceremonia, pero aun así entré seguido de Joseph, me acerqué a la señora Pirrie y me despedí de ella con la misma sencillez con la que lo habría hecho cualquier cuáquero. Después rocé ligeramente la mano de la señora Smith mientras le dedicaba una reverencia. Mi alumna se levantó del sofá y esperaba que le diera un beso, pero no estaba dispuesto a hacer tal cosa y le apreté la mano. Luego, con un saludo general, me retiré, sin duda para gran sorpresa de todos los presentes, que habían escuchado a esas mismas mujeres hablar constantemente de mí con el mayor de los respetos y que ahora apenas se dignaban mirarme. Mientras salía detrás de mí, Joseph recibió una ronda de despedidas de las tres mujeres de la casa, que sin duda abrigaban el ridículo propósito de molestarme, pero no me di por aludido y salí de allí con una sonrisa en los labios. Volvimos a reunirnos con los dos buenos maridos en nuestros aposentos. Se quedaron con nosotros hasta la hora de acostarse, entonces se despidieron cordialmente y se retiraron a descansar sin unirse al resto de los invitados.

La luz del domingo nos sorprendió cargando nuestro baúl y nuestra mesa de dibujo, subimos a las monturas de un salto y nos alejamos de aquel hogar de la opulencia sin un solo suspiro pesaroso.

En cambio, sí lamentamos dejar los bosques, fue doloroso, pues en ellos siempre había disfrutado de la paz y el dulce placer de admirar la grandeza del Creador en Sus incomparables obras. Con frecuencia me sentía como si estuviera impaciente por llenar al máximo mis pulmones con el aire más puro que circulaba por aquel paisaje. Contemplé con deleite y tristeza las pocas magnolias en flor, las tres coloridas viñas y, a medida que descendíamos las colinas de St. Francisville, le dediqué aquel adiós al campo que en otras circunstancias habríamos dividido de buena gana con las damas de Oakley.

Dejamos la desembocadura de Bayou Sarah a las diez de la mañana en el barco de vapor *Ramapo* junto a una mezcolanza de pasajeros y tras unas cuantas paradas ocasionales a tierra firme para recoger pasajeros alcanzamos la ciudad de Nueva Orleans el lunes.

Clima frío y lluvioso. He salido del barco y he caminado hasta la casa de mi buen conocido Pamar. No me había pasado desapercibido el asombro con que los pasajeros a bordo miraban mi pelo largo y recogido, y debo reconocer que el efecto en la ciudad fue aún mayor. Mi holgada vestimenta de mahón amarillo blanquecino y el desafortunado desgaste de mis facciones me llevó a decidir vestirme lo más pronto posible como los demás e hice que me cortaran la cabellera. Mi ánimo quedó muy agradecido con la bienvenida que me brindó la familia Pamar. Me saludaron como a un hijo que hubiera regresado de un viaje largo y doloroso. Me rodearon los niños, los padres y hasta los criados. ¡Qué alegres estábamos todos!

Almorcé allí y después fui a visitar al célebre cazador Lewis Adam, y a la familia Dimitry, que también me recibió con los brazos abiertos.

He alquilado una habitación amueblada en la rue St. Anne, número veintinueve por dieciséis dólares al mes y allí trasladamos nuestro equipaje desde el barco.

Dedicamos el martes, el miércoles y el jueves a buscar por toda la ciudad una casa adecuada para mi pequeña familia. Ha resultado ser una tarea muy difícil y estuve a punto de quedarme con una que visitamos en la calle Dauphine.

Mi ropa es andrajosa en extremo y me he visto obligado, contra mi voluntad, a conseguir una nueva vestimenta. He comprado algo de tela y espero con impaciencia a que el señor sastre termine su cometido para ir más elegante en busca de alumnos.

Hemos retomado nuestras tempranas visitas al mercado para ver todo lo que allí se ofrece. Lo hemos encontrado tan bien abastecido como lo estaba en primavera de verdura, fruta, pescado, carne, flores, etc. Rábanos deliciosos, lechuga y muchos otros alimentos. Ayer escribí a mi esposa. Hace ya quince días que le envié por correo un boceto del señor Gordon que es probable que haya recibido hoy.

En casa de los señores Gordon, Grant & Cía he encontrado una caja de colores para óleo y una carta del señor Briggs. Lamenté ver ambas cosas, la primera porque no contenía lo que esperaba y la segunda porque no puedo decir que sintiera placer alguno leyendo dicha carta.

Por la noche he contestado la carta del señor Briggs. Ya era 25 de octubre.

25 de octubre de 1821

Fuertes lluvias todo el día. He pasado la mayor parte de la jornada en casa de R. Pamar, donde también se encontraba su pariente, el cazador Louis Adam. He alquilado una casa en la calle Dauphine por diecisiete dólares al mes.

A Joseph las horas se le hacían eternas sin poder dibujar nada.

26 de octubre de 1821

He escrito unas líneas a don James Pirrie para informarle de que los *monsieurs* D. y G. Flower no habían pagado a la empresa de Gordon & Cía los cien dólares que habían prometido. He escrito una carta breve a Lucy y la he enviado por correo junto con la de Briggs.

He salido a caminar un buen rato. He visitado a la familia Dimitry. He pasado gran parte del día en casa de los Pamar. Por la tarde me he alejado por el dique; un cielo precioso y sereno. La música y los modales de la señorita Pamar han mejorado. Muchos hombres que antes eran mis amigos ahora pasan por mi lado sin dirigirme la palabra. Estoy dispuesto a evitar a esos bribones.

Cansado de estar ocioso; tan poderosos son los hábitos de todo tipo que si tuviera que pasar un mes así me hartaría de la vida.

Nos ha visitado Hetchberger y estaba muy contento de los dibujos que había ido incorporando desde que salí de Cincinnati el 12 de octubre de 1820. He terminado sesenta y dos dibujos de aves y plantas, tres cuadrúpedos, dos serpientes, cincuenta retratos de todo tipo y de mi padre espiritual, don Antonio.[78] He conseguido vivir con humilde comodidad gracias a mi talento y oficio, sin disponer de un solo centavo a mi nombre a la hora de partir.

Ahora tengo cuarenta y dos dólares, salud y más ganas que nunca de completar mi colección. Confío en que Dios me conceda los mismos recursos para proseguir.

Mi actual perspectiva de conseguir aves este invierno es más amplia que nunca porque ahora soy bien conocido entre los principales cazadores de los lagos Borgne, Barataria, Ponchartrain y el campo de Terre au Boeuf.

Domingo, 27 de octubre

Visto ropas nuevas, me he cortado el pelo y he modificado mi apariencia más allá de toda expectativa. Como un apuesto pájaro cuando es despojado de todo su plumaje; el pobre parece tímido, abatido y, o todos lo ignoran, o le miran con desprecio. Tal era mi situación la semana pasada. En cambio, cuando el ave está bien alimentada, cuidada, se le permite disfrutar de la vida y vestirse bien, vuelve a ser apreciado, ¡qué digo!, admirado. Tal es mi situación en el día de hoy. ¡Válgame Dios! Y pensar que cuarenta dólares son suficientes para hacer un caballero. ¡Ay, mi amado país! ¿Cuándo valorarán tus hijos más intrínsecamente la valía de sus hermanos? ¡Nunca!

He enseñado mis dibujos en casa de los Pamar, mis buenos conocidos. He recibido mucha información valiosa que corrobora mis propias observaciones sobre ellos (algo que verdaderamente me complace). He almorzado allí.

---

[78] Francis Antonio Ildefonso Moreno y Arze de Sedella (1748-1829), un sacerdote capuchino que ejerció de coadjutor de la catedral de San Luis de Nueva Orleans, un puesto desde el cual básicamente controló los asuntos católicos de la ciudad desde 1795 hasta su muerte. Se desconoce la ubicación actual del retrato de Audubon.

He visitado a la señora Clay y a las jóvenes damas de la casa. Llevaba mi portafolio. No me conocían y casi hasta el último momento han creído que era alemán. Mis dibujos han gustado mucho a todas, pero no he conseguido ninguna alumna, como era de esperar.

He dado un largo paseo hasta el canal. He hablado mucho rato con Gilbert, mi cazador, que mañana parte hacia Barataria. Un día precioso, muy cálido. Por la mañana había muchas piezas de caza en el mercado.

Las golondrinas bicolores han estado retozando todo el día por la ciudad y el río. Tengo grandes esperanzas de determinar dónde pasan el invierno. No estoy lejos de conseguirlo.

29 de octubre de 1821

Día infructuoso intentando conseguir trabajo. He visitado varias instituciones públicas donde no puedo decir que fuera muy bien recibido. En un par de ellas (cuyos nombres omitiré) fui invitado a entrar y a salir en muy poco tiempo.

He almorzado en casa de Pamar. He recibido la visita de John Gwathmey, de Louisville (Kentucky). He escrito a Ferdinand Rozier para obtener mi dibujo del gallo de las praderas macho. Estoy resuelto a exhibir algunos de mis dibujos en lugares públicos, pues recuerdo bien la fábula de La Fontaine que dice que *«a l'oeuvre on connoit L'Artizan»* [por la obra se conoce al artesano],[79] un proverbio desconocido para la mayoría de la gente de aquí. Soy como tantos otros que son vistos como aventureros y se les mira con cuidado y sospecha, pero así es como se mueve el mundo, y sin duda así es como debe ser.

He ido a visitar a la acaudalada señora Brand, que se ha mostrado muy cortés: «Debe volver a visitarnos». La señora Brand se ha casado con una gran fortuna. La luna de miel aún no está fijada. Tiene

---

[79] Aparece en la fábula «Los zánganos y las abejas» de Jean de La Fontaine.

buen aspecto incluso a pesar de su debilidad, y ha prometido estar completamente recuperada para el próximo trimestre.

He recibido una carta de mi querida Lucy, aunque por desgracia era de hacía tiempo, y también una del señor Ecard con fecha de hace dos meses.

Nueva Orleans, 30 de octubre de 1821

He vuelto a casa del señor Grand y he conseguido que su hijo se convierta en mi alumno a dos dólares la lección de una hora. Tengo la pequeña esperanza de impartir clases de francés y dibujo a la señora Brand.

He visitado otra universidad. Las damas me han brindado un recibimiento amable y han examinado mi portafolio con aparente satisfacción. A pesar de ello, no he conseguido alumnos. Un tal señor Torain me lleva la delantera en todas partes.

He almorzado en casa de Pamar y he dibujado mi liebre americana para exponerla al público. Joseph está ocupado preparando el abrigo del padre Antonio.

El mercado estaba bien abastecido con caza y verduras. Hemos retomado la costumbre de ir a dar un paseo en cuanto empieza a caer la tarde.

Día cálido, abundantes golondrinas; vuelan con la misma alegría que en junio.

El hecho de encontrar esta ave en abundancia tres meses después de que se marchara a los estados del centro del país, y saber que pasan el invierno en bandadas multitudinarias en un radio de cuarenta millas es una de las satisfacciones más exquisitas que siempre he deseado experimentar en materia ornitológica, y esto sitúa a Dash por encima de todas las tonterías que se han escrito sobre su aletargamiento cuando el clima es frío. Ningún hombre podría haber disfrutado del estudio de la naturaleza en toda su amplia exuberancia y errar de tal modo.

Nueva Orleans, 31 de octubre de 1821

Hoy he empezado a dar clases de dibujo a la señora Brand y al joven William Brand a tres dólares la lección.

He dedicado algo de tiempo al retrato del padre Antonio y al dibujo de la liebre americana.

Me han visitado el señor Pamar, el señor Dimitry y Dumatras.

La mañana ha sido muy calurosa, lo que ha condenado a muchos peces en el mercado y en menor medida a la caza. El mercado cuenta con unas regulaciones excelentes. El viento ha virado hacia el norte y he presagiado frío al ver que las golondrinas volaban en dirección sur al mediodía. Noche muy fría. ¡Qué grandes conocimientos poseen estas pequeñas criaturas y qué certeras son en sus movimientos!

1 de noviembre de 1821

Hace un día precioso. He impartido mis lecciones en casa del señor William Brand. He almorzado en casa del bueno de Pamar.

Por la noche me he sentido muy indispuesto, he sufrido violentos cólicos y me he visto obligado a meterme en la cama a las siete de la tarde, algo inaudito desde hacía muchos años. He visitado al señor Basterop, un pintor.[80]

A medianoche me han despertado unos gritos de «¡Fuego! ¡Fuego!», pero como no era en nuestro barrio, no he dejado que Joseph fuera a ver qué ocurría.

---

[80] Posiblemente se refiera a Basterot (de nombre desconocido), retratista y profesor de dibujo que llegó a Nueva Orleans en 1821.

Viernes, 2 de noviembre de 1821

Me he sentido bien todo el día y he acudido al mercado. Había mucha caza, pero nada para mí. He dado clase en casa de William Brand. He quedado muy complacido al descubrir que su mujer posee un talento natural para la pintura. William Brand es extremadamente amable y educado, está muy deseoso de dar a su hijo una buena educación.

He recibido la visita de Brewster, el pintor.[81] El buen hombre se ha inquietado mucho al ver mi padre Antonio y ha temido que a continuación se convierta en un grabado.

Estaba decidido a enmarcar mi dibujo, aunque me ha costado treinta dólares. Albergo alguna esperanza de que me ayude a conseguir alumnos de renombre.

Sábado, 3 de noviembre

He dado mi clase. John Gwathmey me ha anunciado la muerte de mi constante enemiga, la señora Bakewell, mi suegra.[82] Que Dios perdone sus faltas. Hetchberger, el pintor, ha pasado la velada nocturna con nosotros. El señor Hails ha tomado prestada mi bolsa de caza a las diez de la noche. Por la mañana he sufrido cierta humillación en una casa donde he ido a mostrar mis dibujos. Clima nublado y fresco.

Nueva Orleans, domingo, 4 de noviembre de 1821

He desayunado en casa de Pamar. Allí he conocido a la directora de una escuela que me ha pedido que vaya a verla para mostrarle mis

---

[81] Edmund Brewster (1784-?), retratista y paisajista.
[82] Rebecca Smith Bakewell, la madrastra de Lucy Audubon.

dibujos. Eso hice a las once de la mañana. Recibimiento tolerable. La dama dibujaba bien y estaba impaciente por adquirir mi estilo, pero se ha quejado mucho del precio desorbitado que exigía. Confío en conseguir varios alumnos, pero no hay nada seguro.

He almorzado en casa de Pamar. El barco de vapor *Ramapo* ha atracado sin don James Pirrie a bordo. He quedado muy decepcionado por los cien dólares que iba a abonar a los *monsieurs* Gordon & Cía el día 20 del mes anterior.

He dado un largo paseo por la ribera del río y he llegado hasta los pantanos. Había aún más golondrinas que ayer y por lo general se dirigen hacia el este, hacia los lagos. Clima delicioso, muy parecido al mayo de Kentucky. Gran cantidad de árboles lucen un nuevo follaje, muchas plantas están en flor, sobre todo el saúco.

Hoy no he dado clase en casa de William Brand.

Lunes 5

He dado mis clases en casa de William Brand.

He dibujado mi padre Antonio. He pagado cien dólares al señor Forestal.

Martes 6

He dado mis clases en casa de William Brand.

Hay muchas golondrinas. Parece que estamos en el veranillo indio. He dado un largo paseo y he dedicado mucho tiempo a mi dibujo.

Miércoles 7

He dado clase a la señora Brand y a su hijo. He conseguido dos nuevos alumnos y empezamos las lecciones el lunes que viene. He dibujado una avoceta americana. Clima delicioso.

Pelícano pardo

Longitud: cuatro pies y dos pulgadas y media desde la punta del pico hasta el final de los dedos, que a su vez exceden en una pulgada y media la cola. El pico medía doce pulgadas y media. La mandíbula superior termina en un fuerte gancho de media pulgada que sobresale y se curva hacia abajo sobre la mandíbula inferior. Este gancho se extiende hasta la frente en dos surcos y contiene las fosas nasales, que son muy pequeñas y alargadas y se sitúan a menos de media pulgada de la frente; son apenas perceptibles. Los bordes exteriores de esta mandíbula y los de la inferior son cortantes y afilados. En la parte interna de la mandíbula también los bordes son afilados. La totalidad de esta parte ósea superior es rígida y fuerte, de un azul grisáceo ribeteado en amarillo. Los bordes de la mandíbula inferior son del mismo color y tienen una anchura de aproximadamente media pulgada truncada en la parte final y capaz de expandirse entre una y tres octavos de pulgada y seis pulgadas. Tienen una bolsa o saco de piel azulada dilatable que comienza debajo de la punta de la mandíbula inferior y se descuelga alrededor de nueve pulgadas y media por debajo de la unión de la mandíbula, pero si se estira con la mano puede alcanzar hasta un pie. La lengua es un simple bulto de unas doce pulgadas desde la punta de la mandíbula inferior y está unida a esta bolsa. Ojos marrones bastante grandes y situados en la piel que le cubre las mejillas y la quijada del pico. La parte superior de la cabeza y el lateral del cuello que discurren a lo largo de la bolsa son de color carbón y piel de topo. La parte posterior de la cabeza está adornada con una cresta de finas plumas de una pulgada y media de largo. El plumaje de la parte superior del cuello posee una apariencia sedosa y muy desgastada que descansa sobre la espalda y el cinturón escapular del ave. El dorso está cubierto de plumitas puntiagudas. Las primeras son de color ceniza suave en los bordes del centro y color rufo con toques marrones. Las últimas son plateadas en los bordes del centro con negro intenso hasta el obispillo, donde el plumaje es grande aunque puntiagudo, ceniza y rufo. Cola redondeada compuesta por dieciocho plumas timoneras color ceniza plateada.

Las plumas extendidas miden siete pies y medio. La segunda articulación es de nueve pulgadas, se cierra sobre el cuerpo llegando al principio del cuello; cerradas, las puntas llegan hasta el final de la cola. Las plumas primarias son blancas en la parte inferior y alrededor de la mitad en la parte superior, el plumaje es de color parduzco. Las secundarias son muy similares. Las terciarias son amplias y caen sobre la parte posterior del cuerpo hasta la base de la cola. Las plumas del dorso son color ceniza suave, algunas ribeteadas en marrón y otras en negro; plumas muy finas y negras. Todo el vientre es blanco y en algunos especímenes es plateado. Patas fuertes y fibrosas, muy atrasadas. Cuatro dedos unidos con una membrana, todo de un color amarillento verdoso azulado. Garras romas, muy ganchudas, la más larga está pectinada hacia dentro. El ave emitía un desagradable olor a pescado. Pesaba dos kilos y medio. El fémur muy parecido a las escapulares. Al diseccionarlo he visto que era un macho. Estómago muy grande, largo y delgado; carnoso. Contenía unas cincuenta lombrices, todas vivas, de dos pulgadas y media de largo. El estómago medía diez pies, del tamaño aproximado de las plumas de un cisne mediano. Gilbert, mi cazador, mató esta ave en el lago Barataria. El obispillo y la base de la cola estaban recubiertos con una fina capa de grasa aceitosa amarilla extremadamente rancia. Entre la piel y la carne de todo el cuerpo había mucho aire. Aunque los huesos de las alas y de las patas eran muy duros y difíciles de romper, eran muy finos, ligeros y estaban totalmente vacíos.

Jueves 8

He dado mis clases en casa de William Brand.

Clima extremadamente bochornoso.

Impaciente por tener noticias de mi esposa.

Nueva Orleans, 9 de noviembre de 1821

Clima tirando a fresco. Veintidós grados de diferencia en la atmósfera con respecto a ayer. Las golondrinas que anoche eran tan abundantes han desaparecido. He dado mis clases en casa de la señora Brand.

Por la mañana he llevado mi portafolio a casa de la señora Dimitry para mostrarle a la señorita Euphrosine los progresos de Joseph. He desayunado y almorzado donde el bueno de Pamar.

Por la tarde he visitado la academia para señoritas que dirige la señorita Bornet para enseñar algunos de mis dibujos, pero no ha servido de nada, porque las señoritas están totalmente a favor del talento del señor Torain.

Durante mi ausencia, el señor Hawkins ha traído un grabado de la cabeza de Ariadne[83] de Vanderlyn para que lo copiara y ha pedido a Joseph que me dijera que no escatimara tiempo en ello. También ha venido a verme el señor Basterop mientras me encontraba fuera.

Me atormentan pensamientos sobre mi amada esposa, de quien no tengo noticias desde hace dos semanas.

Sábado 10

He dado mis clases en casa de la señora Brand. He ido a ver al señor Hawkins, que había venido a ver el dibujo del padre Antonio. Hemos

---

[83] *Ariadne dormida en la isla de Naxos* (1812).

acordado que haré la copia del grabado por un precio inferior a cincuenta dólares; confía en que pueda terminarla lo antes posible. He visto al señor Clay, que se ha mostrado muy amable.

El día ha sido muy bonito aunque frío. He dibujado una hembra de ánade friso directamente del natural. Gilbert, el hombre que caza para mí, me ha enviado un espécimen extraordinario.

El señor Basterop me ha visitado en mis aposentos. Quiere que trabajemos juntos en una panorámica de esta ciudad, pero las aves, mis queridas aves de América, ocupan todo mi tiempo y casi todos mis pensamientos. No deseo ver ninguna otra perspectiva excepto la del último ejemplar dibujado. Sigo sin noticias de mi querida Lucy o de mis hijos. Su silencio me tiene muy preocupado. El nivel del agua del Misisipi está bajando.

Nueva Orleans, domingo, 11 de noviembre de 1821

He visto a John Gwathmey temprano por la mañana y me ha dicho que mi esposa tenía la intención de dejar Louisville en el primer barco de vapor que zarpara rumbo a este lugar. He pasado todo el día como loco a raíz de esta noticia, pero no ha llegado ningún barco; mi esposa y amiga aún está lejos.

Clima hermoso y cálido. He almorzado en casa de Pamar. He dedicado un buen rato a dibujar. He ido a ver a Basterop. Joseph ha pasado el día cazando con el joven Dimitry, pero no ha matado nada. Abundan las golondrinas y no podrían parecer más alegres. He visto una gaviota cana pero todavía no ha aparecido ningún cuervo pescador. El señor Bermudas ha venido a verme un momento por la noche. Cuanto más cerca creo que estoy de ver a mi amada Lucy, más me impaciento. Me entristezco a diario, cuando el día se oscurece.

Lunes, 12 de noviembre de 1821

He empezado a dar clases a la señorita Delfosse y a otra señorita a dos dólares cada lección.

También he dado clase en casa de la señora Brand.

Allí he visto a Eliza Throgmorton.

Clima fantástico pero no hay patos. He dibujado mucho. He almorzado en casa de Pamar. He mantenido una conversación con el señor John Clay sobre el señor Pamar. El señor Bermudas me ha traído una cerceta alas verdes, una auténtica rareza. Aún sin noticias de mi esposa.

Martes 13

He dado clase en casa de la señora Brand, pero la señorita Delfosse solo desea recibirlas tres veces por semana. He dibujado un ganso salvaje que no ha sido descrito por Wilson. Clima bastante frío. Muy ocupado todo el día. Se trata del ganso careto.

Nueva Orleans, 14 de noviembre de 1821

He dado mis clases en casa de la señora Brand y a la señorita Delfosse.

Trabajo constantemente durante todo el día. He dibujado una hembra de serreta chica.[84]

He almorzado pan con queso.

He recibido una carta de la señora Audubon cuyo contenido me ha dejado profundamente abatido. ¡Ay! ¿Dónde queda ahora el consuelo? Se ha retirado a una roca desierta, desde donde no está dispuesto a echar siquiera un simple vistazo a nuestra desdichada especie.

---

[84] Ave extremadamente rara en América, solo un espécimen ha sido avistado en Nueva Orleans. *(N. de la T.)*.

Esta mañana el señor E. Fiske, nuestro antiguo agente comercial [de la compañía Audubon & Bakewell, establecida en 1811] en esta ciudad, me ha entregado una factura de Fellows & Rugles. Le hablé de este tema en unos términos que le sorprendieron, pero estoy resuelto a filosofar sobre todas las cosas.

Pocas esperanzas de ver a mi familia en el último tramo del invierno.

Jueves 15

He dado clase en casa de la señora Brand.

He pasado casi todo el día dibujando y he terminado tres dibujos de aves. Tras ponerse el sol he continuado a la luz de la vela hasta las diez enfrascado en la cabeza de Vanderlyn.

Clima apacible pero frío. Muy bajo de ánimos.

Deseo dejar atrás esta miserable etapa.

Viernes 16

He dado clase a la señora Brand, pero la señorita Delfosse no se encontraba bien y ha pospuesto la lección hasta mañana. He enviado una factura al doctor Heermann, que la ha aceptado y ha prometido a Joseph que la abonará la semana que viene.

Sábado 17

He dado clase en casa de la señora Brand y también a la señorita Delfosse. Su madre conocía a mi padre. Hoy he dibujado mucho por el día y hasta bien entrada la noche.

Domingo, 18 de noviembre de 1821

He dibujado todo el día. He almorzado en casa del señor Pamar. He recibido la visita de Philip Guesnon y también la del célebre cazador Louis Adams, que sin embargo no tenía conocimiento de la pequeña serreta que había dibujado.

Lunes 19

He dado clase en casa de la señora Brand y a la señorita Delfosse. Para mi gran satisfacción, esta última ha decidido recibir una todos los días. Necesito en gran medida esta acumulación de ingresos.

He dibujado un pato aguja americano, un espécimen excelente.

Me ha visitado el señor Hawkins, un hombre agradable que posee al mismo tiempo buen gusto y buen juicio, y además está bien informado.

Martes 20

He dado clase en casa de la señora Brand y a la señorita Delfosse.

He dibujado mucho y he terminado tanto mi pato aguja americano como la cabeza de Vanderlyn.

El doctor Heermann me ha utilizado de forma miserable. Se ha negado a pagar la factura que bien me había ganado. He ido a ver a mi buen amigo Pamar.

Basterop, el pintor. He hablado mucho con mi buen cazador, Gilbert, que me ha conseguido un ejemplar excelente de grulla canadiense.

Me duelen mucho los ojos y he tenido un intenso dolor de cabeza durante todo el día.

Miércoles 21

He dado clase en casa de la señora Brand y a la señorita Delfosse. He dibujado mi grulla trompetera todo el día.

Clima extremadamente sofocante.

Jueves, 22 de noviembre de 1821

He dado clase en casa de la señora Brand.

Mi buena pupila, la señorita Delfosse, estaba ocupada con algún otro asunto.

He recibido cuarenta dólares a cuenta del señor Hawkins, que parecía muy satisfecho con el dibujo que le entregué de Ariadne. Hace calor de verano. Abundantes golondrinas. He recibido una carta de mi esposa, pero aun así mi ánimo sigue muy decaído. Hoy he dibujado mucho. He recibido cien dólares del señor Forestal porque el señor Gordon no le había dado ningún dinero a mi esposa en Louisville.

Viernes 23

He dado clase en casa de la señora Brand y a la señorita Delfosse. Día lluvioso y cálido. He dibujado todo el día. He comprado un portafolio a Vigny por ocho dólares.

24

He dado clase en casa de la señora Brand y a la señorita Delfosse, y también a la hija de Pamar, que ha demostrado el talento más genial que creo haber visto nunca. La señorita Delfosse es hermosa y muy agradable.

American Avocet
RECURVIROSTRA AMERICANA.
Young or First Winter Plumage 1
Adult 2

PLATE CCCXXXVII

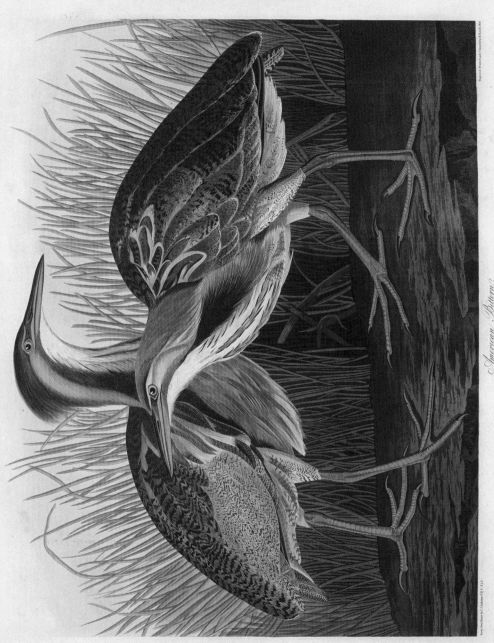

American Bittern.

ARDEA MINOR.
Male. 1

Drawn from Nature by J. J. Audubon, F.R.S. F.L.S.

Engraved, Printed and Coloured by R. Havell, 1836.

PLATE CCXXIX.

Drawn from Nature by J.J.Audubon. F.R.S. F.L.S.

Engraved, Printed & Coloured by R.Havell, London. 1833.

American Coot.

FULICA AMERICANA, *Gm.*

ADULT.

PLATE CXCVII.

Drawn from Nature by J.J. Audubon, F.R.S. F.L.S.

American Crossbill. LOXIA CURVIROSTRA., Linn. *Male adult 1, Young Male, 2, 3, Female adult. 4, Young Female, 5, Hemlock.*

Engraved, Printed & Coloured, by R. Havell, 1834.

 PLATE CLXI

American Crow
CORVUS AMERICANUS.
Male.
Black Walnut. Corvus americanus.
Nest of the Ruby throated Humming Bird.

American Flamingo.

PHŒNICOPTERUS RUBER, Linn.

Old Male.

1. Profile view of Bill at its greatest extension.
2. Superior front view of upper Mandible.
3. Interior front view of upper Mandible.
4. Inferior front view of lower Mandible.
5. Interior front view of lower Mandible with the Tongue in.

6. Profile view of Tongue.
7. Superior front view of Tongue.
8. Inferior front view of Tongue.
9. Perpendicular front view of the feet fully expanded.

Drawn from Nature by J. J. Audubon, F.R.S. F.L.S.   Engraved, Printed and Coloured by Robt Havell, 1838.

PLATE CCXXVIII

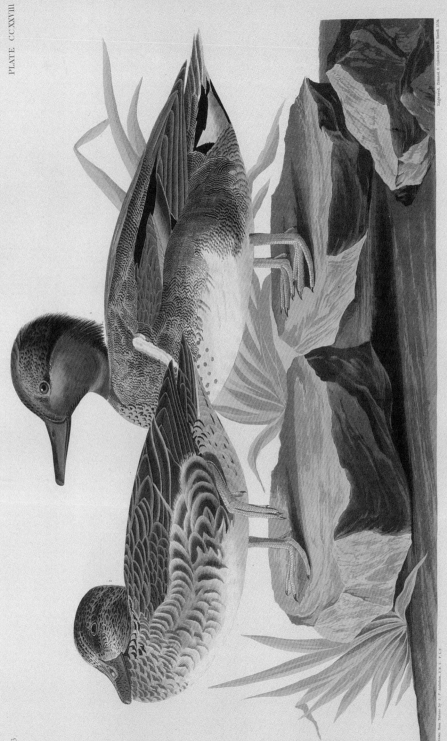

American Green winged Teal. ANAS CAROLINENSIS. Lath. 1. Male. 2. Female.

PLATE CCCLVII.

American Magpie.
CORVUS PICA?
Male 1. Female 2.

Drawn from Nature by J.J. Audubon, F.R.S. F.L.S.

Engraved, Printed and Coloured by R. Havell, 1837.

PLATE CCXLVIII

American Pied-bill Dobchick.
PODICEPS CAROLINENSIS.

Drawn from Nature. by J.J.Audubon F.R.S. F.L.S.

Engraved, Printed, & Coloured by R. Havell. London 1835.

Drawn from Nature by J.J.Audubon, F.R.S. F.L.S.

Engraved, Printed and Coloured by R.Havell, 1838.

American Ptarmigan. White-tailed Grous.

American Redstart. Male 1. F.2.
MUSCICAPA RUTICILLA.
Plant Vulgo. Scrub Elm.
Ostrya Virginica.

Drawn from Nature and Published by John J. Audubon, F.R.S.E. F.L.S. M.W.S.   Engraved by Robt Havell, Junr Printed & Coloured by R. Havell, Senr London. 1828.

PLATE CXXXI

American Robin.

TURDUS MIGRATORIUS.

Male 1 Female 2. Young 3.

Chestnut oak Quercus Prinus

PLATE CCCCVIII

American Scoter Duck.
FULIGULA AMERICANA,
Male 1. Female 2.

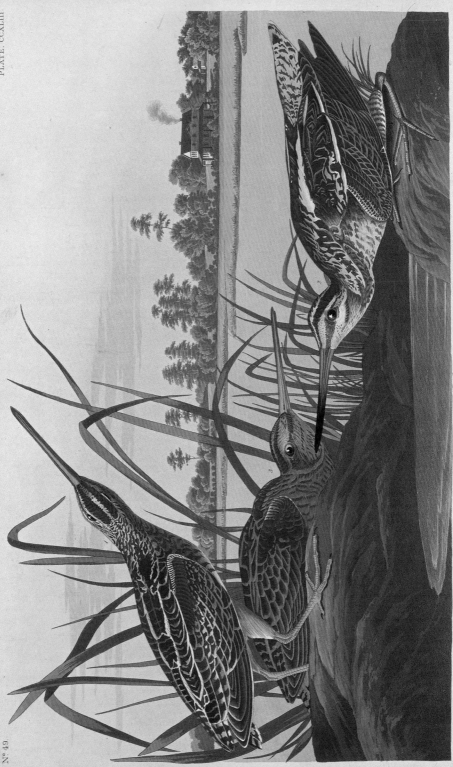

PLATE CCXLIII.

American Snipe. *Male 1. Female 2, 3.*
SCOLOPAX WILSONII,
South Carolina Plantation near Charleston.

PLATE CXLII

American Sparrow Hawk, FALCO SPARVERIUS, Linn. *Male, 1 Female 2. Butter-nut or White-walnut Juglans cinerea*

Drawn from Nature by J.J.Audubon, F.R.S. F.L.S.   Engraved, Printed & Coloured by R. Havell, London.

American Swift.
CYPSELUS PELASGIUS. *Temm.*
Male 1. Female 2.
Nests.

Drawn from Nature by J.J.Audubon, F.R.S. F.L.S.

Engraved, Printed & Coloured, by R. Havell, London, 1833.

PLATE CCCLXX.

Drawn from Nature by J.J.Audubon. F.R.S. F.L.S.

Engraved, Printed and Coloured by R.Havell 1837.

American Water Ouzel.
CINCLUS AMERICANUS.
Male 1. Female 2.

PLATE. CCCXI.

American White Pelican
PELICANUS AMERICANUS, *And.*
Male Adult.

Drawn from Nature by J. J. Audubon F.R.S. F.L.S.

Engraved, Printed & Coloured by R. Havell 1836

American Widgeon.

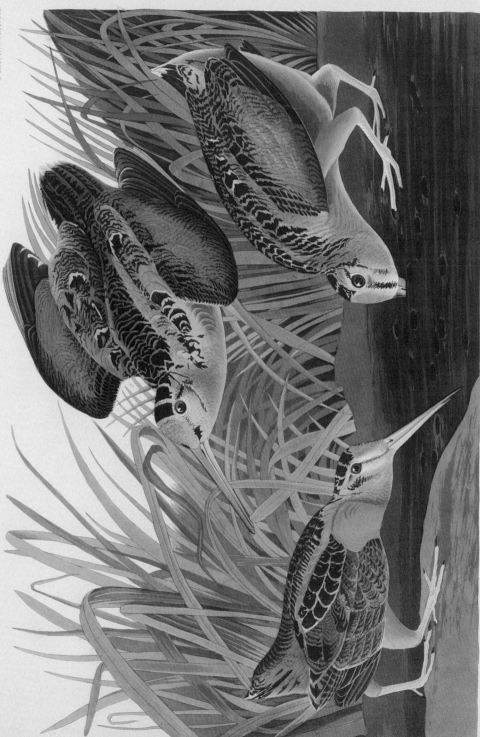

PLATE CCLXVIII

American Woodcock.

Drawn from Nature by J.J.Audubon, F.R.S. F.L.S.

Engraved, Printed & Coloured by R. Havell, London, 1835.

PLATE CCCLIX.

Arkansaw Flycatcher.
MUSCICAPA VERTICALIS, *Bonap.*
1. Male. 2. Female.

Swallow-Tailed Flycatcher.
MUSCICAPA FORFICATA, *Gme.*
3. Male.

Says Flycatcher.
MUSCICAPA SAYA, *Bonap.*
4. Male. 5. Female.

Drawn from Nature by J.J. Audubon, F.R.S. F.L.S.

Engraved. Printed and Coloured by R. Havell. 1837.

Arkansaw Siskin.　　Mealy Red-Poll.　　Louisiana Tanager.　　Townsend's Finch.　　Buff-breasted Finch.
FRINGILLA SPALTRIA.　　LINOTA BOREALIS.　　TANAGRA LUDOVICIANA.　　EMBERIZA TOWNSENDI.　　EMBERIZA PICTA.
1. Male.　　　　　　2. Male.　　　　　　3. Female.　　　　　4. Male.　　　　　5. Male.

PLATE CCCXCV.

Drawn from Nature by J.J. Audubon, F.R.S. F.L.S.

Engraved, Printed and Coloured by R. Havell, 1837.

Audubon's Warbler.
SYLVIA AUDUBONI, *Townsend.*
1. *Male, 2. Female.*

Hermit Warbler.
SYLVIA OCCIDENTALIS, *Townsend.*
3. *Male, 4. Female.*
Plant, Strawberry Tree.
EUONYMUS AMERICANA.

Black-throated gray Warbler.
SYLVIA NIGRESCENS, *Townsend.*
5 and 6. *Males.*

PLATE 88.

Autumnal Warbler. Male 1. F. 2.

SYLVIA AUTUMNALIS.

Plant Betula papyrifera.

Vulgo Canoe Birch.

Drawn from Nature and Published by John J. Audubon, F.R.S. & L.S.E. F.L.S. &c.

Engraved, Printed & Coloured by R. Havell Jun.ʳ London. 1830.

PLATE CCCLXXXV.

Drawn from Nature by J. J. Audubon, F.R.S. F.L.S.

Engraved, Printed and Coloured by R. Havell. 1837.

Bank Swallow.
HIRUNDO VIPARIA,
Male 1. Female 2. Young 3.

Violet-Green Swallow.
HIRUNDO MALASSINUS, Swain.
Male 4. Female 5.

PLATE. CLXXI.

Barn Owl.

STRIX FLAMMEA.

Male 1, Female 2.

Green and Squirrel Solanum Plantain.

Barnacle Goose.
ANSER LEUCOPSIS.
I. Male. 2. Female.

PLATE CCCIII

Drawn from Nature by J.J.Audubon.F.R.S. F.L.S.

Engraved, Printed & Coloured. by R. Havell. 1836.

Bartram Sandpiper.
TOTANUS BARTRAMIUS, Temm.

1

PLATE 77

Belted Kingfisher. *Male 1. & 2. Female*
ALCEDO ALCYON.

PLATE CCCXXXVIII.

Engraved, Printed, and Coloured by R. Havell, 1836.

Bemaculated Duck.
ANAS GLOCITANS.

Drawn from Nature by J. J. Audubon F. R. S.

Black or Surf Duck?
FULIGULA PERSPICILLATA.
Male Adult 1. Female 2.

Drawn from Nature by J.J.Audubon F.R.S. F.L.S.

Engraved, Printed, & Coloured by R. Havell 1835.

Black Tern.
STERNA NIGRA. Lin.
Adult. 1. Young in Autumn. 2.

Black Warrior. Feb. 2. Pl. 2.
FALCO HARLANI.

Black Backed Gull
LARUS MARINUS

PLATE CCCXVI

Black-bellied Darter
PLOTUS ANHINGA, L.

PLATE CCCXXIV

Drawn from Nature by J.J. Audubon. F.R.S. F.L.S.

Black-bellied Plover

Engraved, Printed and Coloured by R. Havell 1836.

Drawn from Nature by J.J. Audubon, F.R.S. F.L.S.

Black-headed Gull.
LARUS ATRICILLA, L.
Adult Male spring Plumage 1, Young first Autumn 2.

Engraved, Printed & Coloured by R. Havell. 1836.

PLATE CCCXLVI.

Black-Throated Diver.
COLYMBUS ARCTICUS.
Male 1. Female 2. Young in Autumn. 3.

PLATE CCCLII

Black-Winged Hawk.
FALCO DISPAR. *Temm.*
Male 1. Female 2.

Drawn from Nature by J.J. Audubon, F.R.S. F.L.S.

Engraved, Printed, and Coloured by R. Havell, 1837.

PLATE. CCCVII.

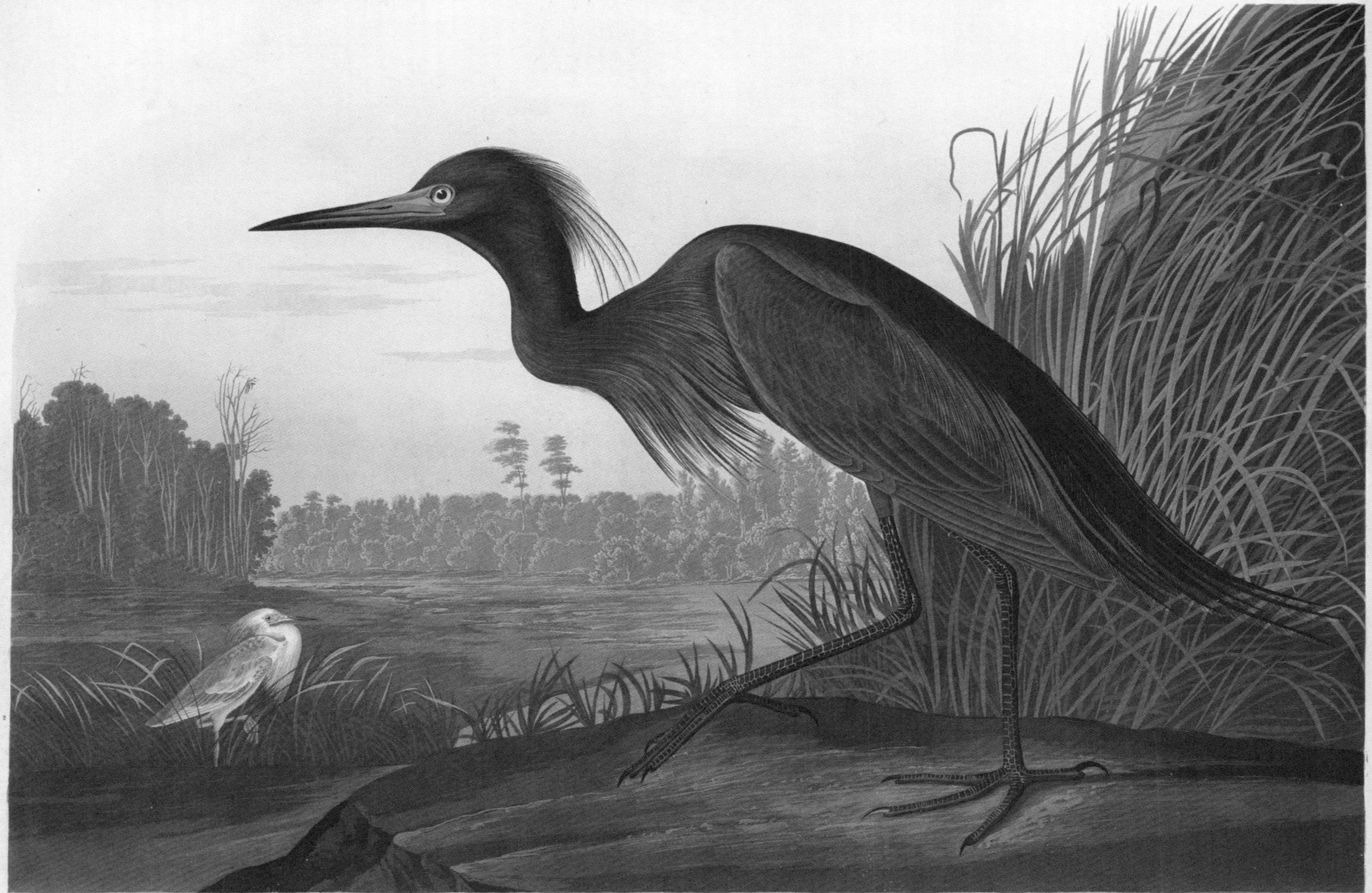

Blue Heron or Heron

PLATE. CII.

Blue Jay,
CORVUS CRISTATUS,
Male. 1. Female. 2. 3.

Drawn from nature by J.J. Audubon, F.R.S. F.L.S.

Engraved, printed, & Coloured by R. Havell, Jun.ʳ

Blue-headed Pigeon.

PLATE CCCXIII

Blue-Winged Teal.
ANAS DISCORS. L.
Male 1. Female 2.

PLATE CCCXXIV

Bonapartian Gull
LARUS BONAPARTII, Swain. and Rich.
Male Spring Plumage 1. Female 2.
Young first Autumn 3.

Drawn from Nature by J.J. Audubon, F.R.S. F.L.S.

Engraved, Printed and Coloured by R. Havell, 1836.

Booby Gannet
SULA FUSCA.

Drawn from Nature by J.J.Audubon F.R.S. F.L.S.

Engraved, Printed & Coloured, by R.Havell. 1834.

PLATE X. N°2.

Brown Lark.
ANTHUS AQUATICUS.
1. Male. 2. Female.

Engraved by W.H.Lizars Edin.

Printed and Coloured by R. Havell 1827.

Drawn from Nature by John J. Audubon, F.R.S.E.

PLATE. CCLXV.

Buff breasted Sandpiper.
TRINGA RUFESCENS (Vieill.)
1. Male 2. Female.

Drawn from Nature by J.J. Audubon, F.R.S. F.L.S.

Engraved Printed & Coloured by R. Havell, 1835.

Burrowing Owl.   Large-headed Burrowing Owl.   Little night Owl.   Columbian Owl.   Short-eared Owl.
STRIX CUNICULARIA.   STRIX CALIFORNICA.   STRIX NOCTUA, Linn.   STRIX PASSERINOIDES, Temm.   STRIX BRACHYOTUS, Wils.

PLATE CCCXI.

Common American Swan?
CYGNUS AMERICANUS, *Sharpless*
Long Island, Water Lillies.

PLATE CCCLXXII

Drawn from Nature by J.J.Audubon F.R.S. F.L.S.

Engraved, Printed and Coloured by R.Havell. 1837.

Common Buzzard.
BUTEO VULGARIS.

Male 1
Harath Have.   *Female 2.*
Lepus Sylvaticus   Sedman.

PLATE. CCXLIV.

Engraved, Printed, & Coloured by R. Havell, London 1835.

Common Gallinule. *Male Adult.*
GALLINULA CHLOROPUS.

Drawn from Nature by J.J.Audubon. F.R.S. F.L.S.

PLATE CCCCIV.

Eared Grebe.
PODICEPS AURITUS.
1. Adult. 2. Young. Nat. Winter

Drawn from Nature by J.J.Audubon, F.R.S. F.L.S.

Engraved, Printed and Coloured by Rob.t Havell 1838.

Evening Grosbeak.
FRINGILLA VESPERTINA. *Cooper.*
Old Male 1.

Spotted Grosbeak.
FRINGILLA MACULATA.
Male 2.3. Female 4.

Drawn from Nature by J.J. Audubon. F.R.S. F.L.S.

Engraved, Printed and Coloured by R. Havell, 1837.

PLATE CCIII

Drawn from Nature by J.J Audubon. F R S F L S.

Fresh Water Marsh Hen. RALLUS ELEGANS. Aud. Male spring plumage, 1 Young autumnal plumage, 2.

Engraved, Printed & Coloured by R. Havell 1834

PLATE CCCLXXXVII

Glossy Ibis.
IBIS FALCINELLUS.

PLATE CLXXXI.

Golden Eagle. AQUILA CHRYSAETOS. *female adult. Northern Hare.*

Drawn from Nature by J.J.Audubon, F.R.S. F.L.S.

Engraved, Printed & Coloured by R.Havell 1833.

Gold-winged Woodpecker. *Male 1 F 2*

PICUS AURATUS.

Drawn from Nature and Published by John J. Audubon, F.R.S.E. F.L.S. M.W.S.

Engraved by Rob.º Havell, Jun.ª Printed & Coloured by R. Havell & Son, London. 1828.

Goshawk.
FALCO PALUMBARIUS. *Linn.*
Adult Male 1. Young 2.

Stanley Hawk.
FALCO STANLEII. *Aud.*
Adult 3.

PLATE VI. No II.

GREAT AMERICAN HEN & YOUNG.
VULGO, FEMALE WILD TURKEY. — MELEAGRIS GALLOPAVO.

Great Blue Heron. ARDEA HERODIAS. *Male.*

Hermit Thrush of N.W. —
Turdus Solitarius

Drawn by John J. Audubon opposite Fredericksburgh Kentucky Octr. 16th 1820

PLATE II

GREAT AMERICAN SEA EAGLE.

He escrito a mi esposa y a William Bakewell y he remitido a cada uno un cheque que me ha procurado el señor Bermudas en la sucursal de Filadefia del Banco de los Estados Unidos, por los que he pagado el uno por ciento de cien dólares. El clima ha variado significativamente y hace frío y viento.

Domingo 25

Clima muy frío y desagradable. He impartido dos lecciones de dibujo a Euphemie Pamar.

26

He dado clase a la señora Pamar, a la señorita Delfosse y a Euphemie Pamar. El clima se ha suavizado mucho. Abundantes golondrinas. Ha llegado el barco procedente de Fulton con ciento veinte pasajeros a bordo.

Martes, 27 de noviembre de 1821

He dado mis clases en ambos sitios.

He ido a ver a la esposa del alcalde, *lady* Roffignac,[85] que había manifestado el deseo de ver algunas de mis obras a lápiz. Confío en que su hija se convertirá en mi alumna. Clima encantador. He dibujado dos patos a los que Wilson denominó porrón moñudo, un macho y una hembra. El empleado del barco de vapor *Ramapo* ha venido a visitarnos. Se trata del señor Laurent, un hombre muy afable.

---

[85] Joseph Roffignac fue alcalde de Nueva Orleans de 1820 a 1828.

Miércoles 28

He dado mis clases en ambos sitios. Buen clima. Me han visitado el señor Brand y su esposa. Basterop no estaba muy contento con esto. He dibujado mucho tiempo.

Jueves 29

Solo he dado clase a la señora Brand. He recibido una carta de mi esposa cuya fecha era anterior a la última. Precioso clima. He pintado el retrato de Joseph.

Viernes 30

He dado clase en casa de la señora Brand y a la señorita Delfosse.

Nueva Orleans, sábado, 1 de diciembre de 1821

He dado mis clases en ambos sitios y a la señorita Pamar.
   He recibido una carta de mi amada esposa.
   Espero verla dentro de unos días.
   Ha llegado el barco de vapor *U. S.*
   Clima extraordinariamente agradable.
   Por la noche he recibido un halcón que no era nada del otro mundo.

Domingo 2

He impartido dos clases a Euphemie Pamar y solo una a la señorita Delfosse. Buen clima. He terminado mi dibujo del carancho norteño, que ha resultado ser una hembra con muchos huevos diminutos. No hace falta que diga lo poco frecuente que es esta ave, solo diré que es el único espécimen que he visto en mi vida, aunque hace tiempo encontré algunas plumas de la cola de otro ejemplar que había matado un invasor en el Ohio. Me quedé aquellas plumas y se corresponden exactamente con las del ave que tengo delante.

Lamento enormemente no poder guardar la piel, pero como hace calor y me ha llevado casi dos días terminar el dibujo, no ha sido posible despellejarlo.

Lunes 3

He dado clase a E. Pamar, en casa de la señora Brand y a la señorita Delfosse. He visto al señor Wheeler, que ha llegado hoy. ¡Qué poco esperaba conocerlo algún día! Clima bastante cálido.

Martes 4

He dado clase a la señora Brand y a la señorita Delfosse. He recibido cuarenta dólares de la primera y he pagado el alquiler de la casa en la calle Dauphine. Clima bastante cálido. He dibujado un avetoro norteño.

Nueva Orleans, miércoles, 5 de diciembre de 1821

Media mano de papel a la señorita Josephine.[86]
He dado clase en casa de la señora Brand y a la señorita Delfosse. Tiempo fresco y lluvioso.

---

[86] Una mano de papel es una unidad de medida tradicional para contar hojas o pliegos de papel. Una mano de papel equivale a cinco cuadernillos. Un cuadernillo equivale a cinco pliegos de papel. *(N. de la T.)*.

He visitado a Basterop y me ha presentado al señor Selle, otro compañero de oficio. Una nueva decepción porque Lucy no ha llegado.

Jueves 6

He empezado a recibir y a dar clase en casa del señor Lombard.

He dado mis clases en casa de la señora Brand y hoy también a la señorita Delfosse.

La señora Pirrie ha llegado hoy.

Viernes 7

He dado clase en casa de la señora Brand y a la señorita Delfosse. El señor Lombard me da clase de violín y a cambio yo enseño dibujo a su hijo.

Lluvia y frío todo el día.

Sábado 8

He dado clase en casa de la señora Brand y le he proporcionado seis lápices del 1½. He dado clase a la señorita Delfosse y a la señorita Pamar. Por la noche, música y dibujo con el joven Lombard. He tenido el placer de ver a la señora Harwood, de Londres, que me ha hecho entrega de mi perra Belle. Lluvia y viento.

Domingo 9

Clima extremadamente desagradable. El barco de vapor *Hero* ha llegado procedente de Louisville pero no traía información sobre mi familia. He dado dos clases en casa de la señora Pamar, donde he pasado la mayor parte del día.

El joven Lombard ha estado dibujando en mi casa todo el día.

10

He dado dos clases a la señorita Pamar, así como en casa de la señora Brand y a la señorita Delfosse. Me han visitado el señor Selle y el señor Jany, ambos pintores.[87]

Nueva Orleans, martes, 11 de diciembre de 1821

En estos momentos dispongo de poco tiempo libre para anotar los numerosos incidentes que están relacionados con la vida que me veo forzado a llevar para mi manutención. Huelga decir que muchos de ellos los olvido al instante, aunque estoy convencido de que más adelante podrían resultarme divertidos. Sin embargo, hoy ha tenido lugar uno tan curioso que no puedo dejar de mencionarlo. Espero que vosotros, mis queridos hijos, podáis beneficiaros de los pormenores.

Soy profesor de dibujo y tengo algunos alumnos. Mi estilo de enseñanza y la alta tarifa que cobro por mis clases me han procurado la animadversión de cualquier otro artista de la ciudad que me conozca o que haya oído hablar de mis máximas. Hoy he ido a ver a un bastardo de Apolo[88] para ver su obra. No me conocía, me ha recibido tolerablemente bien y he tenido el gusto de ver a la bestia en acción. También he escuchado sus ladridos y he visto cómo sus ojos se

---

[87] Jean-B. («John B.») Sel, trabajó como retratista y pintor de miniaturas en Nueva Orleans desde 1821 hasta su muerte en 1832. Jean Baptiste Jeannin (c. 1792-1863), profesor de arte, se convirtió en el director del Central College de Nueva Orleans en 1838.

[88] El dios griego de las Artes.

alegraban ante la visión del lienzo. Ha entrado un tercer desafortunado, Dauber, que parecía ser un viejo conocido y que al punto se ha puesto a criticar tranquilamente todo lo que nos rodea. Como cada día, ha habido llegadas por mar y tierra que añaden más gente al griterío. A muchos invocaron, entre ellos a mí. Me quedé esperando y me ofrecieron la siguiente descripción sin ningún tipo de tapujos, os lo aseguro: «Nadie sabe de dónde ha venido ese hombre, va por las calles como el mismísimo diablo. Me han contado que tiene todos los alumnos que quiere y que produce maravillosas cantidades de lo que él llama retratos, y asegura a la gente de bien que lo contrata que, en cuestión de pocos meses, a través de su método cualquiera puede convertirse en pintor. Sin embargo, hasta donde he podido saber ese hombre nunca ha dibujado. Ha comprado un conjunto de hermosos dibujos de bestias, aves, flores, etc. que va mostrando por ahí y diciendo que los ha hecho él. Todo esto no son más que mentiras que la gente está dispuesta a creer mientras que yo, que por naturaleza estoy inclinado a la pintura y a la enseñanza, ¡me hallo sin alumnos y sin retratos!».

Llegados a este punto me puse el sombrero y me despedí del caballero diciéndole dónde vivía y que me alegraría volver a verlo; le di las iniciales de mi nombre y apellido solo a modo de guía. Desde las habitaciones de este elocuente integrante de los *sans culottes* de este oficio, llegué rápidamente a los aposentos del señor Basterop, donde al cabo de pocos minutos tuve la satisfacción de ver a los *monsieurs* Selle y Janin, todos artistas y hombres agradables. No me sentía nada bien después de la descripción de mí mismo que acababa de escuchar, pero me consuelo pensando en lo mal que se sentirá el buen hombre cuando venga a visitarme, si es que llega a hacerlo.

He dado clase primero a la señorita Pamar, luego en casa de la señora Brand y a la señorita Delfosse. A continuación no he faltado a mi promesa y he acudido al pensionado (donde mi joven amiga la señorita Pamar recibe el grueso de su educación) para impartirle lecciones regulares de dibujo. Al entrar en la sala, he percibido cierto grado de frialdad en el semblante de la dama de la institución que, junto con mi desafortunada o ridícula incomodidad natural en este tipo de situaciones, ha hecho que mi estancia resultase del todo desagradable. Mi alumna, que por lo general es una joven animada y llena de confianza en sus acciones, estaba en ese momento tan sorprendentemente extraviada de su trabajo que no ha copiado ni una sola línea de forma correcta. He advertido la mirada sarcástica de los distintos profesores que se encontraban presentes y he sentido un gran alivio en cuanto el reloj me ha permitido salir de allí.

Al entrar se pronunciaron algunas expresiones que se unieron a otras que ya habían llegado a mis oídos (que me martillearon todo este tiempo) y que mientras escapaba de ese lugar me han llevado a tomar la decisión de no volver a traspasar aquel umbral o ningún otro sin saber de antemano si mi presencia encajará con la voluntad de las personas vinculadas a ellos.

La encantadora señorita Eliza, de Oakley, ha pasado a mi lado esta mañana, pero no recordaba el hermoso retrato de su rostro que había pintado una vez con colores pastel a petición de ella. No ha reconocido al hombre que con la mayor de las paciencias y atenciones plasmaba su personalidad para complacerla. En cualquier caso, gracias a mi humilde talento puedo atravesar las penurias de este mundo sin su ayuda.

Miércoles 12

He dado clase en casa de la señora Brand. La señorita Delfosse se ha ausentado hoy. También he dado clase a E. Pamar. Después de muchas consideraciones he decidido dejar atrás todas mis dudas y hablar claro. Con una mentirijilla he zanjado la cuestión de muy buenas maneras con la señora Pamar, a quien he comunicado que no podría volver allí nunca más.

Jueves, 13 de diciembre de 1821

He dado clase en casa de la señora Brand y a E. Pamar. En cambio, la señorita Delfosse ha considerado que hacía demasiado frío. Es tal la impaciencia que siento estos días por ver a mi familia que mi cabeza apenas casa con mis movimientos y, sin embargo, debo sufrir una decepción tras otra y me retiro a descansar sin el consuelo de su tan deseada compañía.

Hoy he contemplado un trabajo de historia natural con láminas a color bastante superior a lo habitual.

Viernes 14

He dado clases toda la tarde, pero la señorita Delfosse parecía alicaída y trabajaba con desgana.

Han pasado veintiséis días desde la última carta que recibí de mi esposa. En todo este tiempo han llegado tres barcos a vapor desde Louisville y no me han llegado noticias de su partida. Mi ansiedad vuelve cada momento doloroso y fastidioso.

Me he encontrado de forma bastante inesperada con mi alumna, la señorita Pirrie, en casa de la señora Brand. La conversación ha sido breve y más amigable de lo que esperaba. Nos hemos despedido como si fuéramos a volver a vernos en algún momento futuro con cierto agrado.

Sábado 15

He dado todas mis clases por la tarde. Tiempo fresco y claro. Estoy mucho menos ansioso después de haber oído que el barco de vapor *The Rocket*, a bordo del cual viaja mi familia, no había zarpado el día 28 del mes anterior y que probablemente aún tardará otros cuatro o cinco días en llegar. El señor Jany ha venido a verme por la noche y se ha quedado hasta muy tarde.

Domingo, 16 de diciembre de 1821

He dado dos clases a E. Pamar y otras dos a la señorita Delfosse. Clima apacible pero frío. He empezado a dibujar una cría de cisne que me ha enviado Gilbert desde Barataria.

El joven Lombard ha trabajado todo el día en mi sala de dibujo.

Lunes 17

He dado todas mis clases. He dibujado el cisne. El señor Jarvis ha venido a verme y le he devuelto la visita enseguida. Le he hecho entrega de tres lienzos. Día muy oscuro y lluvioso.

Martes 18

He dado una clase a E. Pamar y otra a la señora Brand. Mi esposa y mis dos hijos han llegado a las doce del mediodía, todos con buena salud. Los he llevado a casa de Pamar y hemos almorzado todos juntos. Luego hemos ido a nuestros aposentos en la calle Dauphine. Después de catorce meses, encontrar todo lo que hace que la vida sea agradable es gratamente bienvenido, estoy agradecido y doy gracias a mi Creador por esta muestra de misericordia.

Miércoles 19

Solo he dado una clase a la señora Brand porque tengo mucho que organizar de cara a mi familia. He examinado mis dibujos y no me han parecido tan buenos como esperaba que fueran, comparados con los que dibujé el invierno pasado. Hoy se ha celebrado el funeral por Bonaparte.[89]

---

[89] El 19 de diciembre de 1821 tuvo lugar en Nueva Orleans una procesión y un funeral en honor a Napoleón.

Jueves 20

He dado todas mis clases. Clima sumamente cálido. He recibido un rálido mediocre.

Viernes 21

He dado clase en casa de la señora Brand y de la señorita Delfosse, pero estaba todo tan mojado y húmedo que he decidido no ir a ver a E. Pamar. He dibujado un rálido salpicado de pecas.

Nueva Orleans, sábado, 22 de diciembre de 1821

He dado todas mis clases. Tiempo muy desagradable. He recibido veinte dólares a cuenta del señor Pamar. El joven Lombard ha retomado sus lecciones a última hora de la tarde después de llevar unos días sin venir mientras organizaba a mi familia en casa.

Domingo 23

He dado dos clases a E. Pamar y una a la señorita Delfosse. Hace muchísimo frío y por la mañana se ha producido alguna que otra helada de casi una pulgada de grosor.

Lunes 24

He dado clases a E. Pamar, al joven Brand y dos a la señorita Delfosse.
Clima muy frío. El señor Rozier ha venido a visitarnos. Hacía once años que mi familia, él y yo no nos veíamos.

Martes 25

He dado dos clases a la señorita Delfosse pero en ningún otro sitio más.

Ha nevado desde que se ha hecho de día hasta las doce, y después ha habido una intensa helada.

Miércoles 26

He dado dos clases a la señorita Delfosse y una a la señorita Pamar.

Por la mañana nos ha visitado el señor Gordon y el señor Colas,[90] el pintor de miniaturas, ha venido por la tarde para echar un vistazo a mis aves.

Jueves 27

He dado dos clases a E. Pamar, dos a la señorita Delfosse y una en casa de la señora Brand. Precioso clima. Esta mañana he pagado el alquiler.

Viernes 28

He dado mis clases en todas partes, dos a la señorita Delfosse.

Sábado 29

He dado todas mis clases.

---

[90] Louis Antoine Collas, también conocido como Lewis Collers (1775-1856), retratista y miniaturista en activo antes de 1816 en la corte del zar en San Petersburgo y entre 1822 y 1829 en Nueva Orleans.

Domingo, 30 de diciembre de 1821

He dado una clase a E. Pamar y otra a la señorita Delfosse. El señor Pamar ha almorzado con nosotros. Hoy he dibujado un cuitlacoche rojizo y he de dibujar noventa y nueve aves en el mismo número de días, para las cuales pagaré un dólar por ave a Robert, un cazador que va a proveerme con cien especímenes de distintos tipos de aves. En el caso de que no cumpla con su parte del trato, solo recibirá cincuenta centavos por cada ave suministrada.

Lunes 31

He dado dos clases a la señorita Pamar, una a la señora Brand y una a la señorita Delfosse. He dibujado un ampelis americano, *Ampellis americana*.

Descripciones de las aves acuáticas de los Estados Unidos, con sus características genéricas de acuerdo con la clasificación de Latham[91] y tal y como las describe Wilson. Las especies descubiertas por mí aparecen marcadas con mis iniciales.

Espátula
    Pico largo, delgado, con la punta dilatada, redonda y plana. Fosas nasales pequeñas situadas junto a la base del pico, lengua corta, puntiaguda, pies con cuatro dedos, semipalmado.

Espátula rosada, *Platalea ajaja* (tomo séptimo, página 123)
    La *Spatule couleur de Rose de Brisson* que envié a Wilson medía dos pies y seis pulgadas y cuatro pies de envergadura alar. Pico de seis

---

[91] John Latham (1740-1837), médico, naturalista y autor de *General Synopsis of Birds* (1781-1785).

pulgadas y media pulgadas desde la esquina de la boca y siete desde la base superior, anchura máxima de dos pulgadas y 0,75 pulgadas en el punto más estrecho. Espalda cubierta con protuberancias escamosas, como el reborde de la concha de las ostras. Blancuzco con manchas rojas. Fosas nasales alargadas, en mitad de la mandíbula superior. Una profunda marca discurre a lo largo de la mandíbula aproximadamente a un cuarto de pulgada del borde. Píleo y barbilla al desnudo cubiertos por una piel verdosa que por debajo de la mandíbula inferior se dilata como en el caso de los pelícanos. Naranja bordeando el ojo, iris rojo sangre. Mejillas y parte posterior de la cabeza: piel negra desprotegida. Cuello largo cubierto con plumas cortas y blancas ribeteadas en carmesí en el cuello. El pecho es blanco, con los laterales de color marrón ardiente. Un largo mechón de pelo como un plumaje procede del pecho rosa pálido. Espalda blanca ligeramente teñida de parduzco. Alas del dorso rosa pálido con un plumaje largo y peludo de un espléndido e intenso carmín, igual que las plumas cobertoras superiores e inferiores, vientre rosado, obispillo más pálido, como la cola, que tiene doce plumas de reluciente naranja pardo. Cabeza rojiza. Patas y parte desnuda del muslo: rojo oscuro sucio. Pies semipalmados. Dedos muy largos, especialmente el posterior. Más plumas en la parte interna que en la externa del ala.

Listado de las aves acuáticas de Norteamérica de la traducción de Turton del *Systema naturæ* de Linneo:

Avoceta americana
    Cabeza, cuello y pecho color rufo. Pico negro. Patas azul pálido.

Grulla del paraíso
    Cabeza y cuello púrpura oscuro, tres plumas largas y estrechas que cuelgan seis pulgadas más allá de los ojos. Longitud: veintitrés pulgadas. Envergadura alar: tres pies.

Garceta nívea
Longitud: dos pies y medio. Envergadura alar: tres pies y dos pulgadas. Naranja amarillento alrededor de los ojos. Iris naranja intenso. Todo su plumaje es blanco. La cabeza en gran parte crestada, 4 pulgadas. Pecho blanco. Plumas de la parte superior de la espalda ladeadas y sueltas.

Martinete común
Pico negro de cuatro pulgadas. La piel que bordea el ojo es azul. Iris rojo. Cabeza azul oscuro, de ella cuelgan tres plumas blancas. Espalda azul oscuro. Cloaca y vientre blancos, patas y pies *beige* claro. Longitud: dos pies y cuatro pulgadas. Envergadura alar: cuatro pies.

Garceta grande
Pico amarillo, las plumas de la espalda caen más allá de cola. Longitud: tres pies y seis hasta el final de la cola. Siete u ocho pulgadas hasta el extremo de las plumas de la espalda.

Paíño de Wilson

Charrán común
Pico y pies rojos. Cabeza negra. Cola muy bifurcada. Parte superior azul claro ceniza. Vientre blanco.

Charrancito americano
Pico y pies amarillos. Cabeza negra. Cola muy bifurcada.

Rayador americano

Playero manchado, correlimos batitú, chorlitejo grande, correlimos tridáctilo, chorlito dorado, chorlitejo colirrojo.

Becasina piquicorta

Cigüeñuela de cuello negro
Pico negro rojizo purpúreo, ojos rojos, parte superior oliva oscuro.

Andarríos solitario, archibebe patigualdo chico, chorlo mayor de patas amarillas.

Arenaria
Pico negro, patas naranja oscuro. Lado del cuello del pecho y por debajo de los ojos de color negro, alas de color teja, vientre blanco, cuatro dedos.

Correlimos gordo
Patas amarillo apagado, cuatro dedos.

Correlimos zarapitín
Pico negro, patas y pies negros, cuatro dedos.

Chorlito gris
Cuatro pies, el de más atrás pequeño y muy elevado.

Correlimos gordo
Pico corto, cloaca blanca, pico del pecho y por debajo del cuello rufo intenso.

Zarapito esquimal
Patas verde azulado, cuatro dedos.

Correlimos común
Pico muy curvo, color negro detrás de la curva.

Playero aliblanco (lo tengo)

Picopando canelo
Pico largo, más bien inclinado hacia arriba.

Garceta tricolor o garceta de Luisiana
Patas amarillas, pico azul, parte superior de la cabeza púrpura, cresta blanca, plumas de la espalda muy largas *beige* claro. Cola, alas y espalda azul oscuro.

Ostrero común americano

Grulla trompetera
Puntas de las alas negras, pico amarillo.

Zarapito americano
Piernas azuladas.

Martinete coronado
Pico azul oscuro, patas amarillas, cresta blanca muy larga, garganta y cabeza negras con una mancha ovalada blanca.

Garza azulada o ceniza
Muslos rufo intenso, negro por debajo de la cresta larga, parte superior blanca, pecho y plumas de la espalda largas y sueltas.

Avetoro norteño
Amarillo sucio ocre en zigzag con marrón oscuro. Una línea negra triangular va desde la boca a la parte posterior del cuello.

Avetorillo panamericano

Tántalo americano, picogordo común

Ibis escarlata

Flamenco

Ibis blanco americano

Pato negrón costero
   Pico singular, tres marcas blancas en la cabeza, patas rojas.

Porrón coronado o pato moñudo

Ganso del Canadá

Porrón moñudo
   Pico azul. Cabeza, cuello y pecho negros. Curva de color rufo en la parte inferior del cuello.

Bucephala – género anseriforme

Pato cuchara

Serreta grande
   Cabeza color verde cambiante.

Ánade rabudo

Cerceta aliazul

Ganso blanco

Pato del Labrador
   Patas y pies ocre suave, anillo negro alrededor del cuello, cola y vientre negros y línea negra sobre los ojos, plumas primarias también negras, el resto blancas.

Pato serrucho (lo tengo)

Pato silbón americano, *Mareca americana*

Porrón bastardo
  Cabeza, cuello y pecho marrón oscuro. Manto vermiculado. Obispillo, cola y plumas cobertoras de la cola negras.

Serreta capuchona o pato de cresta

Pato havelda

Pato joyuyo

Cerceta alas verdes

Porrón picudo

Porrón americano
  Cabeza y cuello rufo brillante. Parte inferior del cuello y pecho negros. Manto vermiculado.

Ánade real

Ánade friso

Somaterias o eideres, macho y hembra.

Serreta chica o serreta de antifaz

Pato zambullidor grande o malvasía canela

Pico azul, patas rosadas, parte superior de la cabeza negra, cuello y toda la parte superior color teja, mejillas, barbilla y lateral de la cabeza blancos.

La hembra es de color oliva oscuro en toda la parte superior, lados de la cabeza amarillo sucio, pecho con barras transversales y líneas coloreadas en teja. Vientre y cloaca amarillo sucio.

Barnacla carinegra

Negrón americano

Completamente negro. Mandíbula superior amarilla. Parte inferior y garras negras. Protuberancias rojas. Patas rojas.

Negrón especulado (lo tengo)

Pato marino grande.

Pato arlequín

Un estrecho anillo blanco regular rodea la parte inferior del cuello.

Ánade sombrío americano

Pagaza piconegra

Cabeza negra. Alas, manto, espalda y cola ceniza suave o azul. Manto muy largo y cola ligeramente bifurcada. Patas y pies palmados.

Charrán sombrío

Pico negro, parte delantera y vientre blancos, parte superior negra, cola muy bifurcada, la punta ribeteada en blanco hacia dentro.

Según creo, el noveno volumen contiene: el colimbo, el calamoncillo americano, la gallareta, el ave serpiente, la gaviota reidora, el halcón peregrino, etc.

Reproducción de una carta escrita al honorable Henry Clay, presidente de la Cámara de Representantes, Lexington (Kentucky):

Señor:

Después de haber pasado la mayor parte de estos quince años procurando y dibujando las aves de los Estados Unidos de América con vistas a su publicación, me hallo en posesión de un gran número de los especímenes que por lo general acuden únicamente a los estados del centro del país. Con el deseo de completar la colección antes de presentársela a mi país en perfecto estado, tengo intención de explorar los territorios al sudoeste del Misisipi.

Me iré de este lugar a mediados de septiembre con el propósito de visitar el río Rojo, Arkansas y los campos adyacentes. Siendo muy consciente de la buena recepción que me proporcionarían unas pocas líneas de un hombre a quien nuestro país mira con respetuosa admiración, me he tomado la libertad de pedirle el auxilio introductorio que usted considere necesario para un naturalista mientras este se halle en los fuertes de las fronteras y en los organismos de los Estados Unidos.

Con el mayor respeto,
su seguro servidor,
J. J. A.

Cincinnati, Ohio, 12 de agosto de 1820.

ÍNDICE DE AVES EN LÁMINAS[92]

American Avocet
Avoceta americana *(Recurvirostra americana)*
American Bittern
Avetoro norteño *(Botaurus lentiginosus)*
American Coot
Gallareta americana *(Fulica americana)*
American Crossbill
Picotuerto rojo *(Loxia curvirostra)*
American Crow
Cuervo norteamericano *(Corvus brachyrhynchos)*
American Flamingo
Flamenco americano *(Phoenicopterus ruber)*
American Green-winged Teal
Cerceta alas verdes *(Anas crecca)*
American Magpie
Urraca de Hudson *(Pica hudsonia)*
American Pied-bill Dobchick
Zambullidor pico grueso *(Podilymbus podiceps)*
American Ptarmigan and White-tailed Grous
Perdiz nival *(Lagopus muta)*
y lagópodo coliblanco *(Lagopus leucura)*
American Redstart
Pavito migratorio *(Setophaga ruticilla)*
American Robin
Mirlo primavera *(Turdus migratorius)*
American Scoter Duck
Negreta pico amarillo o negrón americano *(Melanitta americana)*
American Snipe
Agachona norteamericana *(Gallinago delicata)*

---

[92] Siempre que ha sido posible, la traductora ha adoptado la terminología que aparece recogida en la página oficial de Audubon en español, https://www.audubon.org/es. Las aves dibujadas en estas láminas son una muestra de *Birds of America,* la gran obra de John James Audubon.

American Sparrow Hawk
Cernícalo americano *(Falco sparverius)*
American Swift
Vencejo de chimenea *(Chaetura pelagica)*
American Water Ouzel
Mirlo acuático norteamericano *(Cinclus mexicanus)*
American White Pelican
Pelícano blanco americano *(Pelecanus erythrorhynchos)*
American Widgeon
Silbón americano *(Mareca americana)*
American Woodcock
Chocha del Este *(Scolopax minor)*
Arkansaw Flycatcher, Swallow-tailed Flycatcher
and Says Flycatcher
Tirano pálido *(Tyrannus verticalis)*,
tirano tijereta rosado *(Tyrannus forficatus)*
y papamoscas o mosquero llanero *(Sayornis saya)*
Arkansaw Siskin, Mealy Red-poll, Louisiana Tanager,
Townsend's Finch and Buff-breasted Finch
Jilguerito dominico *(Spinus psaltria)*,
pardillo de Hornemann *(Acanthis hornemanni)*,
piranga capucha roja *(Piranga ludoviciana)*,
arrocero americano *(Spiza americana)*
y escribano de Smith *(Calcarius pictus)*
Audubon's Warbler, Hermit Warbler and
Black-throated Gray Warbler
Chipe rabadilla amarilla *(Setophaga coronata)*,
chipe cabeza amarilla *(Setophaga occidentalis)*
y chipe negrogrís *(Setophaga nigrescens)*
Autumnal Warbler
Chipe garganta naranja *(Setophaga fusca)*
Bank Swallow and Violet-green Swallow
Golondrina ribereña *(Riparia riparia)*
y golondrina verdemar *(Tachycineta thalassina)*
Barn Owl
Lechuza de campanario o lechuza común *(Tyto alba)*
Barnacle Goose
Barnacla cariblanca *(Branta leucopsis)*

Bartram Sandpiper
Zarapito ganga o correlimos batitú *(Bartramia longicauda)*
Belted Kingsfisher
Martín pescador norteño *(Megaceryle alcyon)*
Bemaculated Duck
Pato de Brewer o híbrido entre
(1) ánade real o pato de collar *(Anas platyrhynchos)*
y (2) pato friso *(Anas strepera)*
Black or Surf Duck
Negreta nuca blanca o negrón costero *(Melanitta perspicillata)*
Black Tern
Charrán negro *(Chlidonias niger)*
Black Warrior
En la actualidad se considera como una raza oscura variable
de la aguililla cola roja *(Buteo jamaicensis)*
Black-Backed Gull
Gavión atlántico *(Larus marinus)*
Black-bellied Darter
Anhinga americana o pato aguja americano *(Anhinga anhinga)*
Black-bellied Plover
Chorlo gris *(Pluvialis squatarola)*
Black-headed Gull
Gaviota encapuchada o gaviota reidora *(Chroicocephalus ridibundus)*
Black-throated Diver
Colimbo del Pacífico *(Gavia pacifica)*
Black-winged Hawk
Milano cola blanca *(Elanus leucurus)*
Blue Crane or Heron
Garza azul *(Egretta caerulea)*
Blue Jay
Chara cara blanca o arrendajo azul *(Cyanocitta cristata)*
Blue-headed Pigeon
Paloma perdiz cubana *(Starnoenas cyanocephala)*
Blue-winged Teal
Cerceta alas azules *(Anas discors)*
Bonapartian Gull
Gaviota de Bonaparte *(Chroicocephalus philadelphia)*

Booby Gannet
Bobo café *(Sula leucogaster)*
Brown Lark
Bisbita norteamericana *(Anthus rubescens)*
Buff-breasted Sandpiper
Playero ocre *(Calidris subruficollis)*
Burrowing Owl, Large-headed Burrowing Owl,
Little night Owl, Columbian Owl
and Short-eared Owl
Tecolote llanero o mochuelo excavador *(Athene cunicularia),*
búho moteado *(Strix occidentalis),*
Strix noctua,
tecolote serrano *(Glaucidium gnoma)*
y búho sabanero *(Asio flammeus)*
Common American Swan
Cisne de tundra *(Cygnus columbianus)*
Common Buzzard
Aguililla de Swainson *(Buteo swainsoni)*
Common Gallinule
Gallineta frente roja *(Gallinula galeata)*
Eared Grebe
Zambullidor orejón *(Podiceps nigricollis)*
English Black Cocks
Gallos lira comunes *(Lyrurus tetrix)*
Evening Grosbeak and Spotted Grosbeak
Picogrueso norteño *(Coccothraustes vespertinus)*
y picogordo tigrillo *(Pheucticus melanocephalus)*
Fresh Water Marsh Hen
Rascón real *(Rallus elegans)*
Glossy Ibis
Ibis cara oscura *(Plegadis falcinellus)*
Golden Eagle
Águila real *(Aquila chrysaetos)*
Gold-winged Woodpecker
Carpintero de pechera común *(Colaptes auratus)*
Goshawk and Stanley Hawk
Gavilán azor *(Accipiter gentilis)*
y gavilán de Cooper *(Accipiter cooperii)*

Great American Hen and Young
Guajolote norteño *(Meleagris gallopavo)* y crías
Great Blue Heron
Garza morena *(Ardea herodias)*
Hermit Thrush
Zorzal cola canela *(Catharus guttatus)*
Osprey and Weakfish
Águila pescadora *(Pandion haliaetus)*
y corvinata real

The Bird of Washington
Águila cabeza blanca *(Haliaeetus leucocephalus)*